I0037932

Julien Cote

Information socialement acquise chez le lézard vivipare

Julien Cote

Information socialement acquise chez le lézard vivipare

Et son rôle dans les processus écologiques

Presses Académiques Francophones

Mentions légales / Imprint (applicable pour l'Allemagne seulement / only for Germany)
Information bibliographique publiée par la Deutsche Nationalbibliothek: La Deutsche Nationalbibliothek inscrit cette publication à la Deutsche Nationalbibliografie; des données bibliographiques détaillées sont disponibles sur internet à l'adresse http://dnb.d-nb.de.
Toutes marques et noms de produits mentionnés dans ce livre demeurent sous la protection des marques, des marques déposées et des brevets, et sont des marques ou des marques déposées de leurs détenteurs respectifs. L'utilisation des marques, noms de produits, noms communs, noms commerciaux, descriptions de produits, etc, même sans qu'ils soient mentionnés de façon particulière dans ce livre ne signifie en aucune façon que ces noms peuvent être utilisés sans restriction à l'égard de la législation pour la protection des marques et des marques déposées et pourraient donc être utilisés par quiconque.

Photo de la couverture: www.ingimage.com

Editeur: Presses Académiques Francophones est une marque déposée de
Südwestdeutscher Verlag für Hochschulschriften GmbH & Co. KG
Heinrich-Böcking-Str. 6-8, 66121 Sarrebruck, Allemagne
Téléphone +49 681 37 20 271-1, Fax +49 681 37 20 271-0
Email: info@presses-academiques.com

Produit en Allemagne:
Schaltungsdienst Lange o.H.G., Berlin
Books on Demand GmbH, Norderstedt
Reha GmbH, Saarbrücken
Amazon Distribution GmbH, Leipzig
ISBN: 978-3-8381-7078-7

Imprint (only for USA, GB)
Bibliographic information published by the Deutsche Nationalbibliothek: The Deutsche Nationalbibliothek lists this publication in the Deutsche Nationalbibliografie; detailed bibliographic data are available in the Internet at http://dnb.d-nb.de.
Any brand names and product names mentioned in this book are subject to trademark, brand or patent protection and are trademarks or registered trademarks of their respective holders. The use of brand names, product names, common names, trade names, product descriptions etc. even without a particular marking in this works is in no way to be construed to mean that such names may be regarded as unrestricted in respect of trademark and brand protection legislation and could thus be used by anyone.

Cover image: www.ingimage.com

Publisher: Presses Académiques Francophones is an imprint of the publishing house
Südwestdeutscher Verlag für Hochschulschriften GmbH & Co. KG
Heinrich-Böcking-Str. 6-8, 66121 Saarbrücken, Germany
Phone +49 681 37 20 271-1, Fax +49 681 37 20 271-0
Email: info@presses-academiques.com

Printed in the U.S.A.
Printed in the U.K. by (see last page)
ISBN: 978-3-8381-7078-7

Copyright © 2012 by the author and Südwestdeutscher Verlag für Hochschulschriften GmbH & Co. KG and licensors
All rights reserved. Saarbrücken 2012

SOMMAIRE

INTRODUCTION

I. L'INFORMATION : DE LA PHYSIQUE A LA BIOLOGIE

Dans un environnement inconstant et incertain, prendre une décision adéquate est difficile mais néanmoins crucial. Décider de quitter son lieu de vie, de s'installer dans un nouvel habitat, de se reproduire et d'interagir avec d'autres individus, sont autant de décisions inévitables. Pour réduire cette incertitude, et donc prendre la meilleure décision, les individus ont accès à une multitude d'indices sur le monde environnant. Les signaux et les indices émis par les éléments biotiques et abiotiques de l'environnement servent, ainsi, de sources d'informations sur la qualité et les particularités de l'habitat et de ses résidents. Dans cette perspective, les théories du signalement, de la communication, et plus généralement de l'information, sont devenus des axes majeurs de recherche en écologie évolutive. Les fondements de ces théories sont pourtant ancrés dans une discipline très éloignée de la biologie : la physique.

L'information : Une vision commune pour des disciplines éloignées ?

> *"Information is a very elastic term"*
> Ralph V.L. Hartley

Tout est physique...

Avec sa théorie mathématique de la communication (1948), Claude Shannon a fourni le document fondateur de la majorité des études futures sur la théorie de l'information. Bien que l'intégration de la notion d'information de Shannon (1948) au sein des systèmes de communication ait abouti à des applications diverses, les études de Nyquist (1924) et d'Hartley (1928)sont à l'origine du concept de l'information. Aucun ne fournit de définition exacte de l'information mais Shannon décrit le modèle général du transfert d'information en ces termes : 'The fundamental problem of communication is that of reproducing at one point either exactly or approximately a message selected at another point.' Ce problème fondamental de la communication trouve sa résolution à travers cinq étapes distinctes (Fig. 1). A l'origine de la communication, une source d'information produit le message, ou la séquence de messages, destiné à être communiqué au récepteur. Ce message est ensuite codé en un signal 'transférable'. Le signal ainsi produit est transmis de l'émetteur au récepteur, à travers un média ou canal de transmission. Au cours de cette transmission, diverses sources de bruit peuvent modifier le signal. Finalement, le récepteur effectue l'opération inverse de celle réalisée par l'émetteur, pour pouvoir reconstruire le message à partir du signal et le transférer à la destination.

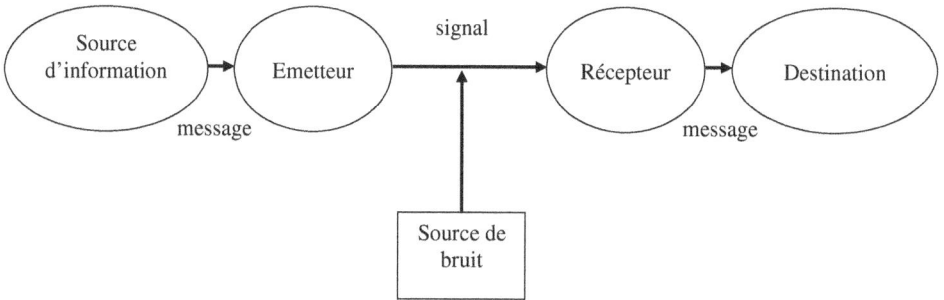

Figure 1 : Schéma général d'un système de communication (d'après Shannon (1948))

La théorie de l'information a servi de support à la compréhension de toutes les formes de communication, des réseaux informatiques et téléphoniques aux relations humaines. Parallèlement, les scientifiques de nombreuses disciplines ont vu dans la théorie de l'information une base de recherche pour des questions variées. Ainsi, les psychologues, les comportementalistes, les philosophes et les biologistes ont employé des termes tels que le code, la traduction, le transfert d'information, le signal pour illustrer et expliquer leurs systèmes. L'information est évoquée en biologie dans de nombreux contextes (Maynard-Smith 1999, Downes 2006). Les domaines majeurs d'application biologique, la neurobiologie (Borst et Theunissen 1999), la génétique

(Maynard-Smith 1999) et l'éthologie au sens large (Johnstone 1997, Giraldeau 1997, Dall *et col.* 2005), ont développé des approches différentes à partir d'une même base théorique.

Différentes approches pour des questions communes

La façon d'appréhender les questions techniques et implications liés à la théorie de l'information diffèrent entre disciplines. Cependant, les principes soulignés par ces questions sont fortement similaires. John Maynard-Smith donne sûrement la meilleure métaphore en illustrant le passage du génotype en un phénotype : « The genotype is not a description of the adult organism, but a recipe for making one, given an environment, initial conditions, and the laws of physics. ». Cette métaphore souligne les 'problèmes' importants de la théorie de l'information en biologie. Pour faire une copie exacte d'un organisme, ou plus généralement d'une information, les conditions environnementales doivent être les mêmes. Mais il faut également que la recette soit complète (*i.e.* fiabilité et honnêteté du signal), qu'elle ne soit pas détériorée lors de la transmission (*i.e.* conditions environnementales lors du transfert de l'information), et finalement qu'elle soit correctement lue par le récepteur (*i.e.* capacité individuelle de décodage du signal). Les études se sont, ainsi, axées autour de trois étapes de la théorie de l'information : l'encodage de l'information, le bruit modifiant le signal dans le canal de transmission, et l'utilisation du signal par le récepteur.

Comment encoder un message ?

Encoder un message revient à traduire ce message en un signal transférable dans le canal de transmission. Cette traduction du message en signal, effectué par l'émetteur, fait intervenir la théorie du codage, ainsi que les notions de coût et de fiabilité de l'encodage. En biologie, l'encodage prend plusieurs formes, et conduit à différents signaux selon le type d'information, d'émetteur et de récepteur. Nous pouvons ainsi distinguer trois visions, correspondant à trois disciplines de la biologie, plus ou moins distantes de la théorie 'physique' de l'information : la neurobiologie, la génétique et l'étude du comportement. Les neurobiologistes font référence à l'information le long des neurones et à travers les synapses dans le système nerveux. Ce transfert d'information neuronale a un fonctionnement très similaire au transfert de l'information dans la théorie de la communication (Borst et Theunissen 1999). Le système neuronal traduit le message à transférer en potentiels d'action modulés par leur nombre et leur espacement temporel (*i.e.* trains de potentiels d'action). Cet encodage est simple et facilement traduisible en bits. Cela a permis une utilisation considérable des modèles de Shannon, et plus généralement des modèles 'physiques' de l'information (Borst et Theunissen 1999). L'information génétique a soulevé des conflits conceptuels plus importants de la part des philosophes de la science (Maynard-Smith 1999, Downes 2006). La notion d'information génétique, évoquée pour expliquer l'hérédité et le développement, est basée sur une idée simple. Les gènes seraient porteurs d'une information, au travers du code génétique, fournissant les instructions (*i.e.* recette) pour la construction d'un phénotype. A partir de cette idée, les biologistes moléculaires ont introduit une terminologie consistante avec cette vision : l'information, codée en ADN à partir des bases d'acides aminés, est répliquée, transcrite de l'ADN en ARN, et traduite de l'ARN en protéines. L'information génétique est, donc, construite sur deux niveaux. Premièrement, les gènes contiennent une information transmise d'une génération à une autre, et qui correspond à une protéine ou un polypeptide donné. L'émetteur et le récepteur sont donc deux générations, le message est la protéine, et le signal est une séquence nucléotidique. La seconde vision informationnelle correspond au développement. Le développement est ainsi vu comme la transmission de l'information de l'ADN en ARN, via un codage en bases complémentaires, et cette information est traduite en une protéine donnée, via un codage reliant les triplets de bases aux acides aminés (Downes 2006). L'information génétique semble bien intégrée dans la vision générale. Cependant, elle a conduit à de nombreux débats, tels que la vision réductionniste d'une information portée uniquement par les gènes, et ne laissant pas de place à la modulation développementale de cette information, et donc à la plasticité phénotypique.

Dans la communication animale, le transfert d'information fait intervenir des signaux plus complexes, plus diversifiés, souvent multiples pour une information, et il est donc moins facilement modélisable. Nous le développerons plus en détail dans le chapitre suivant.

Comment le signal est-il bruité ?

Les seconds modèles de Shannon introduisent une notion essentielle à la théorie de l'information. Le signal reçu n'est pas nécessairement le même que le signal émis à sa source. Durant sa transmission (*i.e.* dans le canal de transmission), le signal peut être perturbé par différents bruits modifiant ce signal, et donc l'information transmise. Cette notion a évidemment des répercussions énormes sur l'efficience de la communication, et a donc conduit les chercheurs à s'y intéresser. Le protocole d'étude du bruitage du signal est simple et commun à toutes les disciplines : mesurer la précision du transfert d'information en comparant les caractéristiques du signal reçu (*i.e.* output) pour un signal donné (*i.e.* input). Dans le codage neuronal, la théorie de l'information peut être appliquée précisément pour quantifier la fiabilité d'un système input-ouput. La transmission d'information neuronale est bruitée car les potentiels d'actions produits par le neurone possèdent une forte entropie (Borst et Theunissen 1999, Chacron *et col.* 2004). Cependant, les mesures de transfert d'information révèlent que chaque potentiel d'action possède une quantité importante d'information et que le bruit neuronal est relativement faible (Borst et Theunissen 1999). De plus, certains mécanismes réduisant le bruit ont pu être mis en évidence. Par exemple, les intervalles corrélés entre les potentiels d'action d'un neurone permettent de réduire le bruit, et ainsi d'augmenter le transfert d'information (Chacron *et col.* 2004). En génétique et en comportement animal, le transfert de l'information est soumis à des modifications du signal plus importantes. La notion de canal de transmission en génétique a soulevé plus d'interrogations. Comme l'avait illustré Maynard-Smith (1999), le génotype est une recette pour faire un phénotype particulier dans des conditions initiales et environnementales données.

Le développement a, ainsi, été considéré comme le canal de transmission, et les conditions lors du développement comme le bruit modifiant le signal. Il est alors possible d'obtenir des phénotypes différents à partir d'un même signal (*i.e.* gène) par le biais de bruits développementaux. Et c'est à partir de cette conclusion qu'une ambiguïté est née. Si le développement peut affecter l'information reçue, les conditions de développement, en elles-mêmes, peuvent être considérées comme une source d'information dans la production du phénotype. Ainsi, connaître les conditions de développement serait une information importante dans la production du phénotype. Cette double fonction canal-émetteur se retrouve également dans le comportement animal et particulièrement dans la vision écologique de la communication animale. L'information est transférée à travers l'environnement (*i.e.* canal de transmission) qui représente une source de bruit importante. En effet, lors d'une communication entre deux individus, l'émetteur et le récepteur sont souvent distant, en contact occasionnel, et dans un environnement fluctuant. Nous verrons, par la suite, que certains mécanismes de réduction du bruit existent, tels que la redondance du signal, la présence d'émetteurs multiples, ou l'existence d'un signal constant (*e.g.* couleur). La dépendance environnementale du signal peut également être vue comme une source d'information. Une information donnée et son signal n'ont pas la même valeur dans des environnements variés. Par exemple, une couleur de camouflage ne donnera pas la même information au récepteur dans l'environnement où le camouflage est adéquat que dans un environnement totalement différent. Cette dualité entre source de bruit et information en elle-même, rend l'étude des canaux de transmission plus compliquée et donc plus intéressante.

Comment le récepteur extrait-il l'information du signal ?

Cette question n'a de réel intérêt que dans un système asymétrique. La théorie de Shannon décrit des systèmes symétriques, dans lesquels le récepteur réalise exactement la traduction signal-message grâce aux mécanismes inverses de ceux utilisés par l'émetteur. De nouveau, le système d'information neuronal possède par sa symétrie un fort point commun avec les modèles de Shannon. L'information génétique ne suit pas un système symétrique. Cependant, dans ces deux systèmes (neuronal et génétique), les récepteurs ne diffèrent pas par leurs capacités à traduire le signal, et une fois le canal de transmission passé, peu de modulation de l'information ne survient. C'est en cela, que cette question a un intérêt modeste pour ces deux systèmes. L'originalité de la communication animale repose sur son niveau d'asymétrie dans le transfert d'information. Le récepteur réalise rarement les mécanismes inverses de ceux utilisés par l'émetteur. Nous pouvons alors voir émerger des problèmes d'utilisation différentielle de l'information par les récepteurs, selon leurs capacités à intégrer et analyser l'information, leurs sensibilités, et les avantages liés à l'utilisation de l'information. De plus, les caractéristiques des individus récepteurs exercent une forte pression de sélection sur les signaux émis. Cela conduit à des signaux dépendants du type de récepteurs, tels que les signaux intra-sexuels versus inter-sexuels, et intra-spécifiques versus inter-spécifiques.

De l'utilité de la théorie de l'information en écologie évolutive

> *« In biology, the notions of meaning and intelligence are*
> *replaced by those of function and natural selection »*
> John Maynard Smith

Deux visions du transfert d'information sont généralement utilisées. En physique, il est considéré qu'un émetteur émet un signal, et que le récepteur reçoit un signal sans qu'il ne l'ait recherché (Shannon 1948). L'émetteur est au centre du transfert d'information. En communication et psychologie humaines, le récepteur recherche une information et trouve le signal (ou indice) transmis par l'émetteur (Wilson 1999). Ces deux approches se retrouvent en écologie évolutive. Ainsi, l'écologie du signalement axe plus ses recherches sur un individu qui émet 'intentionnellement' un signal informatif sur son état. Même si le récepteur influe sur l'évolution du signal (voir ci-dessous), l'émetteur reste à l'origine du transfert d'information. L'écologie de l'utilisation de l'information considère également un émetteur transférant un 'signal'. Cependant, le 'signal' est parfois émis involontairement (*i.e.* par inadvertance) et est donc nommé 'indice'. L'émetteur ne cherchant pas à renseigner, le rôle du récepteur dans le transfert de l'information est mis plus en avant. Le récepteur recherche une information pour réduire son incertitude, et la trouve auprès d'émetteurs. Cette différence de point de vue nous amène à présenter séparément les mécanismes impliqués dans l'émission des signaux de ceux impliqués dans l'émission des autres types d'information.

L'écologie du signalement

Un signal est un trait spécialisé pour la communication (Johnstone 1997). Cela implique qu'il est émis 'intentionnellement' par l'animal pour renseigner sur son état (*e.g.* santé, statut de reproduction) et qu'il confère un avantage sélectif. Pour que le rôle du signal dans la communication soit efficace, les pressions de sélection doivent conduire à la sélection de bons émetteurs mais également de bons récepteurs (*i.e.* bonne capacité de lecture du signal). Un animal, émetteur ou récepteur, étant soumis à de nombreuses pressions de sélection, il existe une diversité d'avantages sélectifs des signaux, et plus généralement une diversité des signaux. Ainsi, la couleur, l'agressivité, le chant modulent des interactions intra- et inter-sexuelles, telles que la probabilité de s'accoupler, le choix de partenaire ou la compétition pour l'accouplement. Mais comment ont pu évoluer ces signaux pour permettre une communication efficace ?

L'efficacité d'un signal repose sur deux principes importants. Premièrement, le signal doit être perçu par le récepteur. En d'autres termes, le récepteur doit être capable de lire le signal. Cela implique que 1) l'émetteur produise un signal facilement détectable dans un environnement fortement bruité et instable, et que 2) les capacités d'intégration du signal (*i.e.* traduction) du récepteur soient en adéquation avec le signal émis. Nous avons vu précédemment que le bruit du canal de transmission pouvait conduire à des modifications importantes du signal, voire à l'impossibilité pour le récepteur de lire le signal. Or, la communication animale s'effectue dans un environnement bruité et avec une certaine distance entre l'émetteur et le récepteur. Pour permettre une bonne détectabilité du signal par le récepteur, et ainsi une communication efficace, il existe plusieurs propriétés communes à différents signaux (Johnstone 1997). Parmi celles-ci, la redondance et l'évidence des signaux sont des avantages clairs. Par exemple, les couleurs vives et les émissions sonores des mâles se démarquent facilement des couleurs et des sons des milieux naturels. Les émissions sonores ont également comme avantage d'être détectées à de grandes distances. Les femelles peuvent, ainsi, détecter facilement les mâles très colorés ou à chants très distincts. L'autre difficulté de la communication est l'irrégularité des interactions. En effet, les individus ne sont pas constamment en interaction avec tous leurs congénères. Par hasard, une femelle peut ne pas recevoir le signal émis par le mâle. Un signal répété, comme le chant, ou un signal constant, comme la couleur, augmente la probabilité de transmission du signal. Cette évidence et cette redondance du signal apportent ainsi un avantage sélectif aux individus. Cependant, ces propriétés des signaux présentent également des coûts. Si les congénères peuvent plus facilement détecter ces signaux, les prédateurs le peuvent également. Il en résulte une balance coûts-bénéfices des signaux que nous développerons par la suite.

Certaines caractéristiques des signaux permettent donc d'être distinguable dans un environnement bruité. Cependant, les environnements, et plus généralement les contextes, dans lesquels sont émis les signaux sont très variables. Un signal donné n'a donc pas la même valeur dans tous les contextes. En conséquence, l'intensité des signaux varie fortement entre les contextes et les environnements. Chez de nombreuses espèces, l'intensité et la variabilité de la couleur diffèrent entre les populations (e.g. Endler 1991, Marchetti 1993, Macedonia *et col.* 2004). Par exemple, Macedonia et col. (2004) montrent que l'intensité de la couleur du lézard à collier (*Crotaphytus collaris*) est différemment exprimée dans trois populations d'Oklahoma. A un niveau plus local, des différences de couleur sont observées selon les substrats de vie chez le lézard à collier. Ces variations locales sont par ailleurs plus importantes chez les mâles de cette espèce. Les auteurs expliquent ces variations dépendantes de la population et du sexe par un niveau de prédation variable dans un contexte de sélection sexuelle pour des mâles colorés. De la même manière, la prédation associée à la sélection sexuelle semble être à l'origine des variabilités locales de la couleur des guppies (Endler 1991).

Le contexte intra-spécifique peut lui aussi affecter l'intensité des signaux. Ainsi, chez les lézards de barrières (*Sceloporus undulatus*), les mâles résidents exhibent une couleur dorsale plus claire en présence de mâles introduits, uniquement lors de la saison de reproduction (Smith et John-Adler 1999). Chez cette espèce, la clarté de la couleur dorsale signale le statut de dominance. Cette couleur a un rôle important dans la compétition intra-sexuelle pour les territoires. Cet éclaircissement du signal coloré aurait ainsi un impact sur la dissuasion des intrus. La présence de congénères modifie donc l'évolution des signaux impliqués dans la communication. Ce rôle de l'audience sur l'émission des signaux illustre bien l'importance du contexte dans le transfert d'information sur la qualité des individus. Ainsi, chez le poisson combattant, la présence d'une femelle réduit l'agressivité des interactions entre les mâles et intensifie les signaux (Doutrelant *et col.* 2001). Les situations d'interactions obligeraient les mâles à développer des signaux plus honnêtes et donc une information plus juste. Associé à ces mécanismes dépendants du contexte et de l'environnement, un 'bon' transfert de l'information nécessite une bonne exploitation du signal par le récepteur. L'émetteur doit ainsi employer des signaux en adéquation avec les capacités sensorielles et neuronales des récepteurs (e.g. Ryan 1990). Hormis cette adéquation 'mécanique' entre signaux et capacité des récepteurs, l'existence de signaux multiples pourrait permettre au récepteur de mieux estimer l'information émise (Møller et Pomiankowski 1993). En effet, les animaux développent souvent plusieurs signaux évoluant conjointement. Cette diversité des signaux permettrait à la fois l'apport d'informations multiples, mais aussi la détection des signaux dans un contexte où les capacités sensorielles et les sensibilités des récepteurs pour un signal varient (voir partie 'conclusion et perspectives', Møller et Pomiankowski 1993, Johnstone 1997).

La théorie de la communication et de l'évolution du signal implique également un bénéfice pour le récepteur qui exploite l'information. Ce second principe nous amène à considérer l'honnêteté des signaux. Même s'il existe de nombreux exemples de tricherie, l'honnêteté est une nécessité dans l'évolution et le maintien d'un système signal-exploitation du signal. Les progrès en écologie évolutive, et particulièrement l'intégration de disciplines connexes, ont permis de cibler les mécanismes de l'honnêteté. Le principe du handicap de Zahavi (Zahavi 1975, Zahavi 1977) permet d'expliquer le maintien d'un signal honnête par le coût de production du signal. En effet, un individu ne peut produire un signal qu'en respect de ses capacités personnelles. Un individu de bonne condition peut supporter le coût de production d'un signal intense, et donc le transfert d'une information honnête. Un signal honnête, profondément étudié du point évolutif et physiologique, concerne les couleurs basées sur les caroténoïdes. Les caroténoïdes sont les pigments à l'origine des couleurs jaunes à rouges de nombreuses espèces. Pour expliquer la variabilité de la coloration due aux caroténoïdes, une expression dépendante de la condition de l'individu est proposée (Olson et Owens 1998). Plusieurs mécanismes pourraient permettre cette expression liée à la qualité de l'individu (Hill et Montgomerie 1994, Tschirren *et col.* 2003). Ainsi les processus d'utilisation des pigments (absorption, transport, métabolisme), la capacité d'acquisition des caroténoïdes lors du nourrissage (Kodric-Brown 1989, Hill 1994) et les propriétés, négatives ou bénéfiques, des caroténoïdes (Nowak 1994, Olson et Owens 1998, von Schantz *et col.* 1999), conduiraient à la condition-dépendance du signal. Par exemple, le compromis entre l'utilisation des caroténoïdes pour des propriétés positives (*e.g.* activation du système immunitaire, réduction de la quantité de radicaux libres) et pour l'expression de la couleur illustre bien les mécanismes d'honnêteté de ce signal (Olson et Owens 1998, von Schantz *et col.* 1999). L'honnêteté des signaux, permettant le transfert efficace de l'information, reflète l'intention de l'émetteur de renseigner sur son état. Cependant, ces émetteurs produisent également des signaux, ou indices, par inadvertance au cours de leurs activités et de leurs interactions. L'émission de ces 'sous-produits' informatifs associée à l'émission de signaux

13

constitue la seconde approche du transfert d'information, le point de vue du récepteur.

L'écologie de l'utilisation de l'information

Du point de vue du récepteur, acquérir et utiliser des informations est une nécessité. Accepter de se reproduire avec tel partenaire, changer de lieu de vie, chercher de la nourriture : toutes ces questions, essentielles dans la vie d'un individu, possèdent de nombreuses réponses potentielles, et donc amènent à un choix. Comment un individu peut-il prendre la meilleure décision ? Comment peut-il réduire l'incertitude intrinsèque du monde environnant ? La méthode est simple et valable pour toutes les décisions à prendre : « Observer » le monde qui l'entoure ! En effet, le monde environnant est riche de signaux et d'indices qui constituent autant de sources d'information sur l'état de l'habitat, la santé et la qualité de ses voisins, et même sur la prédictibilité de cet environnement. L'utilisation de l'information a stimulé de nombreuses études de la part des écologues du comportement (Valone et Templeton 2002, Danchin *et col.* 2004, Giraldeau 1997, Dall *et col.* 2005). Ces études ont permis de cerner les implications écologiques et évolutives de l'utilisation de l'information, ainsi que d'établir un classement précis des types d'information utilisée (Fig. 2, Danchin *et col.* 2004, Dall *et col.* 2005). La dichotomie majeure dans ce classement concerne la séparation entre informations personnelles et informations socialement acquises.

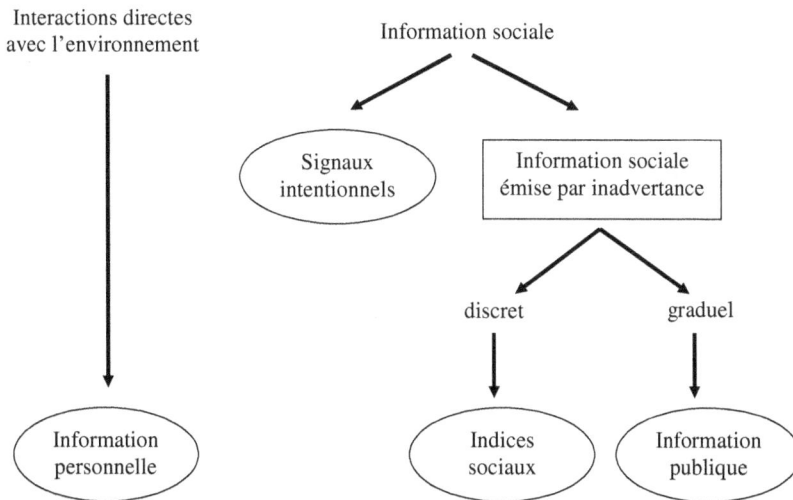

Figure 2 : Classification des sources d'information (Dall *et col.* 2005, Danchin *et col.* 2004)

Les interactions directes avec l'environnement génèrent des informations importantes sur les conditions et les ressources d'un habitat. Un individu est constamment en interaction avec son environnement. Cette source d'information est donc permanente et inévitable. Ainsi, ces informations personnellement acquises ont été intégrées dans l'étude de nombreux comportements. Le domaine d'application le plus évident est l'orientation spatiale et la navigation des individus dans leur environnement. Pour s'orienter un animal utilise divers indices environnementaux stimulant ses sens visuel, olfactif, auditif et tactile. Ainsi, les odeurs spécifiques, la lumière, les repères du paysage ou encore les bruits divers créent une carte spatiale activant certaines zones cérébrales et leur ensemble de neurones spécifiques. Par exemple, chez le rat, l'hippocampe et le noyau thalamique antérodorsal sont des zones cérébrales où se situent les cellules de lieu et les cellules de direction de la tête (Knierim *et col.* 1995, Taube 1995). Ces deux types de neurones ont des taux d'activation maximaux respectivement pour une position précise du corps et pour une direction de la tête donnée. Cela permet ainsi à l'animal de s'orienter et de naviguer dans son espace (Bures *et col.* 1997, Knierim *et col.* 1995). Cependant, l'activité de ces deux types de neurones, et ainsi l'orientation de l'animal, dépend fortement de la présence mais aussi de la stabilité des indices visuels, olfactifs et tactiles (e.g. Knierim *et col.* 1995, Bures *et col.* 1997, Zugaro *et col.* 2001). L'utilisation des informations personnelles pour la navigation est ainsi bien cernée du point de vue des mécanismes, mais reste faiblement étudiée du point de vue évolutif.

Du point de vue adaptatif, l'information personnelle a un rôle important dans de nombreux comportements, tels que la recherche de nourriture, le choix de partenaire, et l'évitement des prédateurs. En effet, un individu peut baser ses décisions futures sur ses expériences vécues dans un environnement donné. Il peut ainsi prendre des décisions plus sûres en 'estimant' les coûts et les bénéfices selon ses précédentes expériences. Un animal ayant recherché de la nourriture dans un patch donné possède plusieurs informations sur ce patch (Olsson et Holmgren 1998). A partir du temps passé à rechercher de la nourriture et du nombre de proies trouvées pendant ce temps, l'animal peut ainsi estimer ses chances futures d'obtenir de nouvelles proies. Cette estimation est essentielle dans l'utilisation optimale de patchs de nourriture et dans les décisions de mouvements inter-patchs (Giraldeau 1997). De la même façon, les indices laissés par les prédateurs ou les interactions précédentes avec des prédateurs permettent à l'animal d'estimer son risque de mortalité dans un habitat donné. Cette estimation va également affecter profondément les décisions de dispersion et plus généralement de mouvements au sein d'un habitat. Cependant, ces informations personnelles sont coûteuses et parcellaires car elles nécessitent une interaction directe entre l'individu et son environnement. L'individu ne pouvant pas interagir avec son environnement dans sa globalité (spatiale et temporelle), l'échantillonnage des informations est souvent biaisé. Chaque individu possède donc son pool personnel d'informations, dépendant de son histoire de vie. Le principe de l'information socialement acquise est né de cette simple idée. Si un individu possède son pool d'informations personnelles, un autre individu peut-il accéder à ces informations et les utiliser en association avec ses propres informations ?

L'information sociale ou comment apprendre avec les autres

« Le désir est désir de l'Autre»
Jacques Lacan

Dans certaines sociétés humaines, les individus pré-reproducteurs (*i.e.* adolescents) développent un important copiage comportemental. Ainsi, ils se vêtissent des mêmes vêtements, ils emploient le même langage, ils ont les mêmes attitudes, les mêmes comportements. A travers ce copiage, ils essaient de ressembler aux personnes à succès (*e.g.* vedette du collège, vedette du cinéma) en espérant, en retour, augmenter leur réussite. Changer son comportement en observant les autres pour augmenter son succès est donc un principe complètement intégré aux sociétés humaines. De récentes études montrent que ce principe est également vrai chez de nombreuses autres espèces.

Plusieurs revues récentes (Valone et Templeton 2002, Danchin *et col.* 2004, Dall *et col.* 2005) ont synthétisé les connaissances et proposé une classification précise des informations sociales. La distinction entre 'information publique' et 'indices sociaux de localisation' correspond à la principale classification des informations sociales. Celle-ci semble séparer clairement les indices discrets des indices graduels (Fig. 2, Danchin *et col.* 2004, Dall *et col.* 2005).

Indices sociaux de localisation

Parmi les informations sociales émises par inadvertance, les indices sociaux de localisation correspondent aux informations 'discrètes' (Valone et Templeton 2002, Dall *et col.* 2005). Le terme discret signifie que l'information renseigne sur la présence et la localisation de caractéristiques de l'habitat et de la composition de la population. L'exemple le plus étudié correspond à la localisation d'un patch de nourriture. Rechercher de la nourriture est un processus coûteux en terme de consommation d'énergie et de temps, ainsi que d'augmentation du taux de prédation.

17

Tout mécanisme permettant de limiter ces coûts devrait donc être sélectionné. Selon ce principe, observer un congénère se nourrissant permet à un chercheur de nourriture de localiser une ressource de nourriture (revue dans Galef et Giraldeau 2001). Chez de nombreuses espèces d'oiseaux et de mammifères, les individus choisissent leur site de nourrissage à l'endroit où d'autres individus se nourrissent (*e.g.* Galef 1982, Avery 1994, Judd et Sherman 1996, revu dans Galef et Giraldeau 2001). Cela conduit à une augmentation locale de la densité de congénères par simple attraction pour les individus se nourrissant (Thorpe 1963, Galef et Giraldeau 2001). Chez les rongeurs, le dépôt d'odeur persistante sur les sites de prise de nourriture et sur le trajet menant à ces sites permet, en plus, aux congénères d'exploiter la ressource en l'absence physique d'informateur (Galef et Beck 1985). D'autres ressources, telles que les partenaires sexuels ou les abris, peuvent être localisées à partir d'indices sociaux. Par exemple, certains reptiles et amphibiens utilisent les odeurs déposées par les congénères pour repérer un abri sécurisé (Aragon *et col.* sous presse, Gautier *et col.* 2006). Chez ces espèces, les abris diurnes ou nocturnes sont essentiels dans la protection contre les prédateurs et sont souvent le lieu d'interactions sociales. Trouver un abri est une nécessité qui peut être difficilement réalisable. L'information déposée par les congénères permet une localisation plus facile et plus sûre de ces abris. En accord avec ces observations, l'information sociale est également très importante dans la réaction immédiate face aux prédateurs. Ainsi, la fuite d'un individu face à l'approche d'un prédateur conduit généralement à un départ en masse des congénères environnants. Ce type d'information permet une réaction plus rapide et un évitement de la prédation plus important. Même si le bénéfice est évident, le coût d'une mauvaise information est important, particulièrement à l'échelle du groupe ou de la population (Lima 1994, Giraldeau *et col.* 2002). En effet, la transmission d'une information erronée conduit à des cascades d'informations et de mauvaises décisions collectives coûteuses à l'échelle de l'individu et de la population (Giraldeau *et col.* 2002). Les informations sociales affectent ainsi la répartition des individus au sein des habitats sur une échelle spatiale et temporelle, et ont d'importantes conséquences sur la dynamique des populations.

Information publique

Valone (1989) définit l'information publique comme l'estimation de la qualité d'un patch obtenue en observant le succès du comportement de recherche de nourriture des autres. Ainsi, les individus recherchant de la nourriture peuvent combiner leurs informations personnelles avec les informations de réussites et d'échecs des autres pour estimer rapidement et correctement la qualité d'un patch (Galef et Giraldeau 2001, Valone et Templeton 2002). L'information publique ayant été définie dans un contexte de recherche de nourriture, les démonstrations empiriques se sont initialement axées sur cette activité. Nous pouvons regrouper les études en deux questions concernant la recherche de nourriture (Galef et Giraldeau 2001) : 1) Quand manger ? et 2) Que manger ?

Dans les conditions naturelles, les ressources ne sont jamais infinies. A un certain moment, le stock de la ressource est épuisé. Et après un certain temps, la ressource est de nouveau présente. L'individu doit donc se poser deux questions : Quand dois-je commencer à rechercher de la nourriture ? Quand dois-je changer de patch ? Sans information publique, les individus recherchant la nourriture avec le moins de succès devraient être ceux quittant le patch les premiers. L'information publique permet potentiellement à tous les membres d'un groupe d'avoir la même estimation de la quantité de ressource. Cela devrait permettre un départ du patch à des temps similaires pour tous les individus. Templeton et Giraldeau (1995), entre autres, vérifièrent cette prédiction chez l'étourneau. Ainsi, chez cette espèce, les individus associent leurs informations personnelles sur la qualité du patch à l'information publique délivrée par les congénères pour entamer et accélérer leur départ d'un patch de mauvaise qualité. De la même façon, plus un groupe est composé d'individus plus l'information publique devrait conduire à un départ rapide des patchs vides. Ainsi, les groupes de trois bec-croisés des sapins passent significativement moins de temps sur un patch vide que les paires d'individus ou les individus seuls (Smith *et col.* 1999).

Dans la recherche de nourriture, trouver des proies est essentiel, mais celles-ci doivent également être de 'bonnes' proies (Galef et Giraldeau 2001). Connaître les type de proie à consommer et celles à ne pas consommer peut avoir d'importantes conséquences sur le succès d'un individu. Par exemple, certaines proies contenant des toxines entraînent des conséquences négatives pour le consommateur. Face à une proie nouvelle, le rat domestique (*Rattus norvegicus*) observe le comportement et la santé de ses congénères ayant consommé cette proie pour décider de la consommer ou non. De la même manière, le carouge à épaulette privilégie la nourriture colorée si ses congénères ont précédemment mangé des proies colorées (Mason et Reidinger 1981). Ces deux exemples illustrent bien l'utilisation de l'information publique dans le choix des proies à consommer.

Outre la nourriture, la notion d'information publique a été ultérieurement élargie à l'estimation de la qualité de différents paramètres environnementaux à partir de l'activité des autres. La définition première de l'information publique s'appuie sur l'estimation de la qualité d'un patch. Un patch de bonne qualité est un patch dans lequel les individus obtiennent un bon succès. Or, le succès d'un individu peut s'estimer par sa survie, relative à la quantité de ressources alimentaires, mais également par sa reproduction, mesure directe de sa valeur sélective. La qualité d'un patch peut ainsi s'estimer par le succès reproducteur prédit, en terme de probabilité d'accouplement, de nombre de petits produits et de qualité des petits produits. Ce succès de la reproduction est affecté par deux mesures de qualité du patch : 1) la qualité de l'habitat et son influence sur le succès reproducteur, et 2) la qualité de la ressource utilisée pour la reproduction (*i.e.* partenaire sexuel). Plusieurs études se sont intéressées au rôle de l'information publique dans l'estimation de la qualité de l'habitat de reproduction, notion plus proche de la définition première de l'information publique. Ainsi, de plus en plus d'études, expérimentales et corrélatives, soutiennent l'idée que les individus utilisent le succès reproducteur des autres comme information publique de la qualité des sites de reproduction (*e.g.* Doligez *et col.* 2002, revue dans Valone et Templeton 2002, Danchin *et col.* 2004).

Les individus peuvent alors estimer la qualité de leur propre patch mais aussi celle des patchs avoisinants en prospectant dans ces patchs (Boulinier et Danchin 1997). Cette double utilisation de cette information publique affecte évidemment les mouvements entre patchs, conduisant à un départ plus important des patchs avec un faible succès reproducteur des congénères et à une installation plus importante dans les patchs avec un fort succès reproducteur des congénères (Boulinier et Danchin 1997). Cela implique des mouvements dépendants du succès reproducteur des patchs d'un système multi-patchs, et, plus généralement, a des conséquences importantes sur la dynamique des méta-populations (Boulinier et Danchin 1997). Plusieurs études récentes illustrent l'utilisation de cette information dans la sélection de l'habitat (*e.g.* Danchin *et col.* 1998, Doligez *et col.* 2002). Par exemple, les décisions de dispersion d'un site de reproduction et la sélection de nouveaux sites de reproduction dépendent du succès reproducteur local chez le gobe-mouche à collier (*Ficedula albicollis*, Doligez *et col.* 2002, Doligez *et col.* 1999). L'information publique affecte ainsi le succès reproducteur d'un individu par le choix du site de reproduction.

De plus, l'information publique apparaît comme importante dans le choix de partenaires sexuels. A partir de l'observation du comportement des autres, les femelles changent leur décision d'accouplement. Nous pouvons distinguer deux moyens d'accéder à cette information : 1) observer les accouplements des autres et copier leur choix sexuel, et 2) observer les interactions entres mâles et/ou femelles pour estimer la qualité de sa future reproduction. Alors que l'idée paraît simple, les bénéfices de l'utilisation d'une telle information sont moins clairs. Pour choisir un mâle, les femelles ont habituellement accès à des signaux reflétant la qualité du mâle (voir la partie précédente). Si les signaux reflètent honnêtement la qualité des mâles, observer la reproduction de ces mâles avec d'autres femelles peut sembler coûteux en termes de temps d'attente, de diminution de la quantité de sperme, et de risque d'imitation d'une mauvaise stratégie (Gibson et Höglund 1992). Néanmoins, la discrimination entre les mâles peut être difficile dans certaines conditions, notamment pour des femelles peu expérimentées, ou lorsque les mâles sont de qualités similaires

(Valone et Templeton 2002). Il paraît alors bénéfique d'associer les signaux émis par les mâles (*i.e.* information intentionnelle) à une information publique sur les accouplements. L'imitation de l'accouplement a été démontrée plusieurs fois (revu dans (Valone et Templeton 2002). Cependant, peu d'études se sont intéressées à l'association entre l'information publique et l'intensité des signaux émis. Les femelles guppy (*Poecilia reticulata*) montrent ainsi une imitation comportementale importante lorsque le degré de similitude entre les mâles est important et lorsque les femelles sont jeunes (Dugatkin 1996). Lors du choix du partenaire, les femelles peuvent également observer les interactions entre les mâles pour estimer la qualité des mâles. Chez de nombreuses espèces, les femelles préfèrent se reproduire avec les mâles gagnant les interactions qu'avec les perdants (e.g. Otter *et col.* 1999, Oliveira *et col.* 1998). Le résultat d'une interaction mâle-mâle constitue également une source d'information publique pour les autres mâles (Johnstone 2001, Valone et Templeton 2002). Les interactions entre les mâles peuvent être coûteuses car elles nécessitent du temps, de l'énergie et sont sources de risque de blessures. Chez plusieurs espèces, avant d'entamer une interaction, les mâles estiment la capacité compétitrice de leur éventuel opposant en observant ses précédentes interactions (Freeman 1987, Oliveira *et col.* 1998). Grâce à cette information, les mâles réduisent les coûts de leur interaction et donc en retirent un bénéfice. Même si ces informations sont délivrées publiquement, il reste cependant plus difficile de séparer la part d'information publique de la part du signal. Particulièrement, ces estimations lors des interactions peuvent être à la base d'amplification des signaux émis par les mâles (*i.e.* effet audience) et ainsi que de l'évolution de nouveaux signaux (Lotem *et col.* 1999, Danchin *et col.* 2004).

Nous avons résumé les principales informations publiques observées couramment dans le règne animal (Valone et Templeton 2002, Danchin *et col.* 2004). Cependant, de nouvelles formes d'information publique dans des contextes variés sont mises en évidence régulièrement. L'information publique permet, par exemple, d'estimer le parasitisme au nid (Poysa 2006) ou la sécurité d'un abri (Gautier *et col.*

2006). Même si la notion d'information publique est ouverte à tout contexte, certains auteurs soulignent la confusion qu'il peut exister entre l'information publique et l'information sociale au sens large (Valone et Templeton 2002).

Entre information publique et indice social de localisation

Valone et Templeton (2001) soulignent, ainsi, l'utilisation abusive du terme d'information publique pour décrire toutes formes d'apprentissage social (*i.e.* information sociale). Les auteurs considèrent que cette confusion n'est pas consistante avec la définition initiale par Valone (1989) et qu'elle obscurcit l'aspect unique de l'information publique comme source supplémentaire d'information utilisée à la fois pour augmenter le taux d'estimation et de réduction de l'incertitude concernant la qualité d'une ressource environnementale. Ils proposent donc que le terme 'information publique' soit restreint à l'information sur la qualité d'une ressource environnementale obtenue des autres. Toute autre information obtenue en observant le comportement des autres devrait être nommée 'information sociale', terme général englobant les indices sociaux et l'information publique.

Le classement de certaines informations peut, cependant, se révéler plus compliqué. Prenons l'exemple de la question relative à la recherche de nourriture : 'quand et où manger ?'. Comme indiqué précédemment, cette question peut être subdivisée en deux sous-questions (Galef et Giraldeau 2001) : Quand dois-je commencer à rechercher de la nourriture ? Quand dois-je partir d'un patch pour un autre ? Pour commencer à rechercher de la nourriture, il est moins coûteux d'attendre qu'un patch contenant de la nourriture soit localisé par un congénère. La première question implique donc l'utilisation d'une information relative à la localisation d'un patch de nourriture. Selon la classification admise, ce type d'information correspond plus à des indices sociaux qu'à une information publique. Au contraire, la décision de départ d'un patch de nourriture dépend de l'estimation de la quantité et de la qualité de ressource disponible. Cette estimation est facilitée par l'utilisation d'information publique. Un individu se nourrissant sur un patch contenant peu de nourriture peut ne pas changer de patch si aucun autre patch n'est localisé par un de ses congénères. L'aspect temporel de la recherche de nourriture imbrique donc des questions relatives aux indices sociaux et à l'information publique. Ainsi, il peut être difficile de distinguer expérimentalement ces deux formes d'informations sociales. Cet exemple souligne un problème méthodologique plus qu'un problème de définition. Cependant, classer une information sociale peut être plus compliqué. Gautier et col. (2006) démontrent que la salamandre de Luschan utilise les indices chimiques déposés par les congénères pour localiser un abri sûr. Les auteurs concluent que les individus estiment ainsi la disponibilité et la qualité des abris grâce à une information sociale. Comme nous l'avons indiqué, la localisation d'une ressource fait appel à des indices sociaux plus qu'à une information publique. Cependant, dans cette étude, les individus ne localisent pas uniquement un abri mais un abri sûr. En effet, localiser un abri n'est pas nécessairement coûteux et donc l'utilisation d'indices sociaux n'est pas fondamentale. Au contraire, localiser un abri avec de bonnes conditions environnementales est essentiel pour un ectotherme vivant dans un milieu aride. Chez cette espèce, l'abri est également un moyen d'éviter les prédateurs. Les indices déposés par les congénères sont donc le reflet de la présence d'un abri mais aussi de la sûreté de l'abri. Pour cet exemple, il n'existe pas de distinction nette entre présence et qualité d'une ressource, et donc entre indices de localisation et information publique. Dans leur réponse à Danchin *et col.* (2004), Lotem et Winkler (2005) soulignent également la difficulté de distinguer l'information publique d'autres formes d'information sociale. Ils illustrent leur propos avec les informations multiples délivrées par le chant des mâles. Le chant permet de renseigner sur la présence, la qualité et la densité des mâles. L'information sur la localisation (*i.e.* présence de mâles) et la qualité des ressources (*i.e.* densité de mâles) implique parfois le même indice, et cet indice est parfois identique au signal de qualité du mâle. Danchin *et col.* (2005) répondent à cette critique par la nécessité de distinguer signaux et indices, même si les indices peuvent être à l'origine de l'évolution des signaux (*e.g.* compétition entre mâles dépendante de l'audience). En effet, la

24

distinction entre les informations émises intentionnellement (*i.e.* signaux) et celles émises par inadvertance (*i.e.* indices) s'accorde mieux aux processus de sélection et aux conséquences évolutives de ces informations. A la vue des exemples précédents et en accord avec Danchin *et col.* (2005), nous pensons que la définition de l'information publique peut être trop restreinte dans certaines conditions, et devrait être englobée dans le terme 'informations sociales émises par inadvertance'. Pour chaque exemple développé dans cette thèse, nous discuterons ainsi de leur position au sein de la classification des informations socialement acquises.

De l'information personnelle à l'information sociale

Comme nous l'avons indiqué, les informations personnelles sont biaisées par des échantillonnages restreints conditionnés aux expériences de l'individu. Les informations sociales permettent ainsi d'éviter ces coûts de l'information personnelle. Cependant, les informations sociales peuvent être indisponibles, mal informatives, ou même en contradiction avec les informations personnelles (Giraldeau *et col.* 2002). Les récepteurs ne devraient donc pas privilégier les mêmes types d'informations dans les mêmes situations, ou devraient associer leurs informations personnelles à celles délivrées par leurs congénères lorsque cela est possible (Giraldeau *et col.* 2002).

Contexte de l'étude : l'information sociale chez le lézard vivipare

« *I am the Lizard King, I can do anything* »
Jim Morrison

Nous axerons cette thèse autour de trois parties. Chacune de ces parties permettra d'illustrer l'existence, les mécanismes et les implications d'une information socialement acquise chez le lézard vivipare (*Lacerta vivipara*). Comment mettre en évidence l'existence d'une information ? L'information se caractérise par sa transmission. Ainsi, une information non transmise n'est pas une information. Montrer l'existence d'une information passe donc par montrer sa transmission. Nous avons, au cours de cette thèse, développé deux types d'approches expérimentales. La première, illustrée par deux articles, considère l'information au niveau de la population. Les protocoles consistent à modifier l'information présente dans une population et à observer les conséquences comportementales sur les résidents de cette population. Pour réaliser ces expériences, nous utilisons des populations semi-naturelles de lézards vivipares. Une population semi-naturelle correspond à un enclos contenant un patch d'habitat et connecté à un autre enclos par un corridor (voir manuscrit 1). Ce corridor, de longueur identique à la distance minimale de dispersion naturelle, est terminé par un piège à dispersion. Grâce à ce piège, les dispersants sont collectés quotidiennement. Après les avoir identifiés, pesés et mesurés, les dispersants sont relâchés dans une autre population. En contrastant des paramètres informatifs entre les populations initiales, nous pouvons tester le rôle de ces paramètres sur la dispersion des individus. Cette méthode a pour avantage d'explorer, par la suite, les implications démographiques de la transmission de cette information. En effet, chaque dispersant étant relâché dans une population, nous pouvons suivre des traits d'histoire de vie de ces dispersants ainsi que la dynamique de ces populations. La deuxième approche, développée dans la seconde partie, prend en compte une vision individu-centré. Elle consiste à confronter des individus potentiellement récepteurs à des individus potentiellement porteurs d'une information. Si les récepteurs modifient leur comportement en fonction de l'information portée, alors l'information est transmise et utilisée. Cette approche permet également d'explorer les signaux et les indices utilisés pour véhiculer et moduler cette information. Après avoir développé ces deux types d'approches, il paraît important de montrer l'étendue de ce type d'information. En effet, plusieurs conditions environnementales modifient le phénotype des individus les subissant. Bien que nous n'ayons pas eu la possibilité d'examiner le transfert d'information, ces conditions possèdent tout l'arsenal nécessaire pour véhiculer ce transfert. Nous illustrerons la possibilité d'un transfert d'information lié au stress, son utilité et ses conséquences pour les individus, ainsi que la possibilité de renseigner sur le sexe-ratio des populations voisines.

II. L'INFORMATION SOCIALE EXISTE-T-ELLE CHEZ LE LEZARD VIVIPARE ?

Dès sa naissance, le jeune lézard vivipare est confronté à un des choix les plus déterminants de son devenir : rester ou partir de son lieu de naissance. Cette décision est lourde de conséquences. Partir lui-demande de l'énergie et du temps. Mais rester, c'est continuer à subir les éventuels problèmes présents dans son habitat natal. C'est aussi admettre qu'ailleurs, ce ne soit pas mieux. Toute information que le juvénile peut acquérir permet de réduire l'incertitude de son choix, et donc d'augmenter le succès de sa décision de départ. Ainsi, tout mécanisme permettant d'obtenir des informations sur la qualité de son habitat et des autres habitats devrait être sélectionné. Cependant, chez une espèce sans capacité particulière d'exploration (*e.g.* lézard vivipare), les jeunes connaissent uniquement leur site de naissance. Alors que l'acquisition d'information sur l'habitat natal paraît aisée, l'obtention des informations sur les habitats inconnus du jeune lézard nécessite des mécanismes moins évidents. Dans les deux expériences qui suivent, nous illustrerons la possibilité que les jeunes ont de s'informer sur les conditions environnementales 1) de leur population de naissance et 2) des populations avoisinantes, ainsi que les conséquences sur leurs décisions de dispersion.

La dispersion natale est affectée par plusieurs paramètres biotiques et abiotiques de l'environnement (Clobert *et col.* 2004). La dispersion a ainsi évolué pour répondre, par exemple, aux effets négatifs des interactions sociales. Cependant, il existe une diversité d'interactions sociales affectant différemment la dispersion. Nous pouvons distinguer deux classes majeures d'interactions sociales : les interactions avec les apparentés et les interactions avec les non-apparentés. Ces deux classes d'interactions sont distinctes par leurs conséquences sur les traits d'histoires de vie des individus et leurs mécanismes. Alors que les interactions avec les non-apparentés affectent la compétition locale et l'accessibilité aux ressources alimentaires et reproductrices, les interactions entre apparentés sont liés à la compétition et la coopération entre apparentés ainsi qu'à l'évitement de la consanguinité (Gandon et Michalakis 2001). Dans un contexte de sélection de l'habitat, ces deux classes d'interactions diffèrent également à une échelle spatiale. En effet, la population natale contient un plus haut niveau d'apparentés que les populations voisines. Les problèmes ou les avantages liés aux interactions entre apparentés devraient donc être plus prononcées dans la population natale que dans les populations avoisinantes. Il paraît alors probable que les interactions entre apparentés affectent plus fortement les décisions de départ de la population natale que les décisions de sélection de nouveaux habitats. Au contraire, les interactions avec les non-apparentés devraient jouer un rôle à la fois dans les décisions de dispersion (Lambin *et col.* 2001) et de sélection d'habitat (Stamps 2001). L'utilisation des informations liées à ces deux paramètres devrait également suivre ce pattern. La première expérience présentée manipule ainsi les interactions entre apparentés dans la population natale, alors que la seconde expérimente l'influence de la densité des populations avoisinantes.

II - A. Se renseigner sur ses voisins et leurs parents

L'interaction entre apparentés est une force majeure de l'évolution de la dispersion (Hamilton et May 1977, Le Galliard *et col.* 2005b). Ainsi, les interactions entre les jeunes d'une même famille et les interactions enfants-parents devraient affecter la dispersion natale. Plusieurs études, empiriques et théoriques, confirment cette prédiction (voir Lambin *et col.* 2001, Gandon et Michalakis 2001). Chez le lézard vivipare, la dispersion natale est dépendante des interactions mère-enfants, celles-ci étant modulées par la présence effective, la condition et l'âge de la mère (de Fraipont *et col.* 2000, Le Galliard *et col.* 2003, Léna *et col.* 1998, Ronce *et col.* 1998). Les interactions entre apparentés, et particulièrement les interactions mère-enfants, sont donc essentielles chez cette espèce. Cependant, les décisions de dispersion et leurs conséquences ne dépendent pas uniquement de la décision individuelle face à des problèmes personnels, mais aussi de l'accumulation du même problème chez les congénères dans la population. En effet, une interaction négative avec sa mère ne reflète pas obligatoirement la qualité ou le statut de la population. L'accumulation d'interactions de plusieurs individus avec leur mère est, par exemple, le signe d'un niveau d'apparentement augmenté dans la population, ce qui est potentiellement négatif en termes de consanguinité. Les conséquences pour l'individu d'un problème au niveau de la population peuvent donc être tout aussi néfastes qu'un problème au niveau individuel. Si un individu peut se renseigner sur le niveau d'interactions entre apparentés des congénères au sein de sa population, son choix de dispersion devrait aussi bien dépendre du niveau d'interaction au sein de la population que de son niveau individuel. Pour tester cette hypothèse, nous avons manipulé le niveau d'interactions mère-enfant, une importante interaction entre apparentés, de huit populations semi-naturelles de lézards vivipares, et observé les effets sur la probabilité de disperser des individus (Cote *et col.* 2007). En accord avec notre hypothèse, nous avons manipulé les interactions entre apparentés à deux échelles. Premièrement, à l'échelle individuelle, nous avons manipulé la présence de la mère en relâchant chaque famille de juvéniles avec leur mère ou avec une autre femelle. Deuxièmement, à l'échelle de la population, nous avons varié la proportion de familles, et donc de jeunes, lâchées avec leur mère dans la population (67% des jeunes avec leur mère versus 33% des jeunes avec leur mère). En augmentant le nombre de mères présentes dans la population, nous avons également créé un plus fort niveau d'apparentement dans la population.

Les résultats de cette étude ont montré que la probabilité de disperser n'est pas affectée par les interactions d'un individu avec sa mère, alors qu'un fort niveau d'interactions des congénères de la population avec leur mère augmente la dispersion natale en nombre et en qualité des dispersants (*i.e.* augmentation de la taille corporelle des dispersants). Cela montre que les jeunes lézards ont accès à une information relative aux interactions mère-enfant de leurs voisins. Ainsi, ils sont capables d'estimer, par exemple, le nombre de mères présentes ou le degré d'apparentement de la population, et de modifier, en réponse, leur comportement de dispersion. Dans cette expérience, nous ne pouvons pas déterminer précisément le mécanisme sous-jacent du transfert de cette information socialement acquise. Le phénotype du jeune peut être modifié sous plusieurs aspects par la présence de sa mère. La reconnaissance de la mère se fait, au moins en partie, par l'intermédiaire de signaux olfactifs (Léna *et col.* 1998). Cette reconnaissance semble déterminée dès les premiers jours de la vie, suggérant une détermination prénatale ou très tôt après la naissance. Le jeune lézard peut donc déterminer rapidement la présence de sa mère dans la population et s'en servir comme d'une information personnelle. Nous savons, par ailleurs, que la présence de la mère peut engendrer des réponses comportementales rapides (Léna *et col.* 1998, Léna et de Fraipont 1998). Ainsi, les voisins peuvent ensuite utiliser ces modifications comportementales pour estimer les interactions entre apparentés présents dans la population. Par exemple, notre étude révèle que les jeunes en présence de leur mère initient leur dispersion plus tôt que les jeunes en absence de leur mère, cela sans différence de probabilité de dispersion. Une dispersion avancée pourrait ainsi constituer une information sociale permettant aux autres juvéniles d'estimer le niveau d'apparentement de la population. Le niveau d'apparentement affectant la valeur sélective des individus de la population, il peut être considéré comme un indice de la qualité de la population. Cette information sociale pourrait ainsi s'approcher d'une information publique utilisée dans le choix de dispersion.

II - B. Se renseigner sur les autres populations

Partir de sa population est une décision qui peut s'avérer coûteuse. Elle demande du temps et de l'énergie pour parcourir la distance séparant deux populations. Elle implique également une part de risque en termes de prédation mais aussi d'incertitude. Après quelques jours de vie, les jeunes connaissent leur population natale mais n'ont a priori aucune idée de la qualité de vie dans les autres populations. Il est parfois difficile de s'installer dans une nouvelle population et cela n'est pas obligatoirement bénéfique si la nouvelle population est de moins bonne qualité que la population natale (*e.g.* Belichon *et col.* 1996). Acquérir des informations sur les populations avoisinantes peut permettre de pallier ou de diminuer ce coût. Les études sur l'information publique et la sélection d'habitat proposent la prospection comme mécanisme d'estimation de la qualité des populations avoisinantes (voir sections précédentes, et aussi Stamps 2001, Valone et Templeton 2002, Danchin *et col.* 2004). Ainsi, chez de nombreuses espèces, les dispersants peuvent visiter plusieurs habitats avant de s'installer dans celui de meilleure qualité. Cependant, la prospection est impossible pour des espèces à capacités exploratoires limitées et inclut des coûts similaires à ceux de la dispersion (énergie, temps, et prédation). Pour de nombreuses espèces, comme le lézard vivipare, estimer la qualité des populations avoisinantes sans les visiter apparaît comme le mécanisme le moins coûteux. Dans cette étude, nous proposons un tel mécanisme (Cote et Clobert 2007a). Nous faisons l'hypothèse que si un individu prospectant une population peut acquérir des informations, ce même individu peut également renseigner sur la qualité des autres populations. Les immigrants pourraient ainsi constituer une source d'information sur leur population d'origine. Pour tester cette hypothèse, nous avons donc manipulé l'information portée par les immigrants en variant la qualité de leur population d'origine. Si les immigrants portent l'information relative à la qualité de leur population d'origine, nous devrions observer, dans la population où ils arrivent, une dispersion dépendante de cette origine.

Pour varier la qualité des populations, nous avons manipulé la densité de ces populations. En effet, la densité est un paramètre décisif dans la sélection d'habitat car elle affecte directement la quantité de ressource et le degré de compétition mais elle est également le signe d'un habitat attractif (Reigh *et col.* 1982, Krebs 1971, Stenseth et Lomnicki 1990, Stamps, 2001, Doligez *et col.* 2003, Doligez *et col.* 2004). La densité apparaît, ainsi, comme une source d'informations multiples sur la qualité d'une population.

Effectivement, les immigrants délivrent bien une information sur la densité de leur population d'origine. En réponse à cette information, le niveau d'émigration de la population est modifié. Ainsi, dans les populations recevant des immigrants originaires d'une population de faible densité, les juvéniles dispersent plus. Cette dispersion dépendante des immigrants est le signe d'un transfert d'information sur la population d'origine des immigrants. Quel type d'information est transféré et par quels mécanismes est-elle transférée ? Cette information varie avec la densité de la population d'origine des immigrants, cependant il est peu probable que l'information estimée soit la densité elle-même. Nous pouvons, par exemple, montrer que le nombre d'immigrant n'est pas le mécanisme du transfert d'information. Or une information sur la densité devrait, en partie, être modulée par le nombre d'émetteurs de l'information. L'information estimée reflète probablement plus la qualité globale de la population ou le niveau d'interactions sociales, paramètres dépendants de la densité. Dans une population de faible densité, les juvéniles ont accès à plus de ressources et sont soumis à moins d'interactions sociales. Le phénotype des immigrants peut être affecté par cette densité, entraînant une imprégnation du phénotype par les conditions de la population d'origine. La manipulation de la densité peut ainsi avoir induit un départ d'immigrants de phénotype particulier. En effet, il a été précédemment démontré que différentes conditions entraînent le départ de différents types de dispersants en termes de phénotype (*e.g.* Léna *et col.* 1998, de Fraipont *et col.* 2000, Clobert *et col.* 2004). Les immigrants de populations de différentes densités pourraient exhiber des phénotypes différents (traits morphologiques, physiologiques ou comportementaux). Dans notre expérience, les immigrants provenant de populations de forte et de faible densités ne diffèrent pas en ce qui concerne leur taille ni leur condition corporelle. Chez le lézard vivipare, nous savons que la densité et les interactions sociales affectent l'activité, l'agressivité et l'odeur des individus (Lecomte *et col.* 1994, Aragon *et col.* sous presse). Nous proposons, donc, deux autres mécanismes pouvant expliquer le transfert d'information : le comportement et les indices olfactifs. Pour explorer ces mécanismes, nous avons réalisé une expérience complémentaire (voir partie III - A). En plus de cette imprégnation phénotypique, les récepteurs de l'information doivent distinguer un immigrant d'un résident. Nous savons que les dispersants (*i.e.* immigrants) possèdent un phénotype spécifique (*e.g.* comportement (Meylan et

Clobert soumis) permettant aux résidents de les reconnaître pendant un minimum de 6 mois (Aragon *et col.* 2006)). Par la maintient d'un phénotype dépendant des conditions natales, les conditions d'honnêteté de l'information semblent être remplies.

Notre étude révèle également deux principes du transfert d'information : l'utilisation de l'information dépendante du récepteur et des conditions environnementales. En effet, nous pouvons observer que l'information transférée par l'immigrant n'est pas utilisée de la même manière par tous les individus. Nous avons précédemment introduit le rôle du récepteur dans le transfert d'information (voir chapitre I). Celui-ci peut différer par sa capacité d'intégration de l'information mais aussi par une valeur informative dépendante des traits personnels de l'individu. Dans cette étude, l'information portée par les immigrants affecte la dispersion en interaction avec la taille corporelle. Ainsi, la probabilité de disperser est positivement corrélée à la taille de l'individu uniquement dans les populations recevant des immigrants provenant de populations de fortes densités. Chez le lézard vivipare, les juvéniles de grande taille dominent les interactions sociales par leurs fortes capacités compétitives. Une information signalant un fort niveau de compétition (*i.e.* forte densité) entraîne uniquement le départ d'individus à forte capacité compétitive (*i.e.* individus de grande taille). Lorsque la population avoisinante est de faible densité (*i.e.* à faible niveau de compétition), le succès lors de l'installation des dispersants dépendrait moins de leur compétitivité. Nous observons, ainsi, que les individus de tous phénotypes dispersent avec la même probabilité dans cette situation.

L'utilisation de l'information peut dépendre des conditions d'acquisition et de l'origine de cette information (voir chapitre I). Dans notre étude, l'utilisation de l'information portée par l'immigrant est dépendante de la densité de la population du récepteur. L'origine de l'immigrant induit une réponse comportementale plus importante dans les populations de faibles densités. Ce résultat peut paraître inattendu dans une vision négative de la densité de population. Cependant, l'information délivrée par la densité est multiple. Une forte densité correspond à un habitat avec plus de compétition pour le partage des ressources (*e.g.* alimentaires et spatiales), mais est également le signe d'un habitat attractif (revue dans Stamps 2001). La dispersion et la sélection d'habitat ont été ainsi observées comme étant positivement ou négativement dépendantes de la densité en congénères pour plusieurs espèces telles que le lézard vivipare (Denno et Peterson 1995, Lambin 1994, Lambin *et col.* 2001, Stamps 2001, Le Galliard *et col.* 2003). La densité peut donc engendrer une information dépendante de l'origine de la source informative. Une forte densité dans l'habitat où réside l'individu pourrait signaler de bonnes conditions pour cet individu, alors que l'information relative à la densité des autres populations pourrait être inversée par les mécanismes de transmission de cette information. En effet, les immigrants pourraient transmettre une information relative à la quantité de ressource et au niveau de compétition des populations à faible densité, indépendamment d'une information sur la densité de congénères. Les dispersants potentiels utiliseraient, ainsi, la qualité des informateurs (*i.e.* immigrants) et non la densité de congénères des populations avoisinantes comme indice de qualité de ces populations. Cependant, d'autres hypothèses pourraient expliquer cette dépendance de l'information aux conditions de vie des récepteurs. Par exemple, la qualité de la transmission de l'information a pu être affectée par la densité de la population du récepteur. Dans une population de forte densité, l'interaction immigrant-résident apparaît avec une plus faible probabilité. L'efficacité de la transmission de l'information serait ainsi réduite par une dilution des interactions émetteur-récepteur. Néanmoins, sous cette hypothèse, l'effet de l'origine de l'immigrant devrait dépendre du nombre d'immigrants (*i.e.* nombre d'émetteurs), ce qui n'est pas le cas dans notre étude. Finalement, nous ne pouvons pas exclure que la valeur et la signification de l'information puissent dépendre des conditions d'acquisition de l'information. Le bénéfice et la signification d'une information pourraient dépendre de la qualité de l'habitat du récepteur. Par exemple, disperser sans information est plus coûteux si l'individu vit dans un habitat de bonne qualité. Or, la dispersion n'est pas uniquement la réponse à la qualité de l'habitat. Ainsi, un dispersant fuyant sa mère utiliserait plus l'information relative aux populations avoisinantes si sa population est de bonne qualité. L'information étant plus importante dans les populations de faible densité, cette hypothèse soutiendrait une qualité plus importante des populations de faible densité, entraînant une plus forte utilisation de cette information. Cependant, cette hypothèse est opposée à ce que nous avons énoncé précédemment. Notre étude ne nous permet pas d'explorer ces hypothèses, ni d'accéder aux mécanismes de transfert d'information.

Même si des expériences complémentaires sont nécessaires, notre étude montre un moyen d'acquérir de l'information sur les populations avoisinantes sans les visiter. Cette information permet aux dispersants potentiels de connaître l'existence de populations de bonne qualité dans leur voisinage. Même si les dispersants ont connaissance de ces populations, nos résultats ne montrent pas que les immigrants les informent de sa localisation. Informer sur la localisation est néanmoins possible. Comme chez la plupart des reptiles et des amphibiens, les indices olfactifs sont une source importante d'information chez le lézard vivipare (Léna *et col.* 1998, Aragon *et col.* sous presse). Cette espèce vivant dans une végétation dense, les indices chimiques devraient être favorisés par rapport aux indices visuels (Aragon *et col.* sous presse). Certaines espèces peuvent ainsi localiser des abris ou des lieux grâce à ces indices olfactifs (e.g. Gautier *et col.* 2006). La reconnaissance des indices olfactifs laissés par les immigrants pourrait permettre de localiser l'habitat d'origine de ces immigrants. D'autres tests doivent évidemment être réalisés pour savoir 1) si la localisation d'un habitat est possible, et 2) si les indices olfactifs correspondent au mécanisme de localisation. Cependant, dans un contexte de populations fragmentées à patchs éloignés et peu nombreux, seule l'existence de patchs de qualité réduit les coûts importants d'une dispersion dans un milieu inter-patch souvent hostile (*e.g.* sans végétation, peu de nourriture, risque de prédation). L'information sociale portée par les immigrants renseigne à la fois sur la présence et la qualité des populations avoisinantes. Il nous paraît difficile de distinguer entre information publique et indices sociaux. Quel que soit son nom, cette information sociale permet de renforcer les connections entre les populations existantes et ainsi d'augmenter la viabilité des populations fragmentées.

III. MECANISMES DU TRANFERT D'INFORMATION

Les deux études précédentes démontrent l'existence d'information sociale chez le lézard vivipare. Les mécanismes restent cependant obscurs et nécessitent des expériences complémentaires. Comme pour la plupart des reptiles, les signaux acoustiques sont absents chez le lézard vivipare. L'information doit employer d'autres indices ou signaux pour être émise. Les indices comportementaux, physiologiques (*i.e.* couleur et odeur), et morphologiques (*e.g.* taille corporelle, voir annexes) semblent très informatifs chez cette espèce. Entre autres, ils affectent les prises de décisions au cours des interactions inter- et intra-sexuelles (voir ci-dessous et en annexes, e.g. Léna *et col.* 1998, Aragon *et col.* sous presse). Dans cette partie, nous illustrerons différents mécanismes pouvant intervenir dans le transfert d'information. Pour réaliser cela, nous analyserons le transfert d'information d'un point de vue individuel (partie III – A), les modifications du phénotype (partie III – A et III – B), ainsi que des variations individuelles constantes (partie III – C) liées à la densité de la population.

III - A. Le comportement, une source d'information

L'immigration modifie le comportement des résidents au niveau de la population (Partie II – B) et au niveau individuel (Aragon *et col.* 2006). Aragon et col. (2006) montrent ainsi que l'arrivée d'un immigrant change l'utilisation de l'espace par le résident. Cette étude souligne une estimation du statut de dispersion. Un individu peut distinguer un dispersant d'un non-dispersant et change son comportement en réponse. Les résidents peuvent ainsi reconnaître les individus étrangers à la fois par une reconnaissance individuelle et par une reconnaissance du statut de dispersion. Au niveau de la population, nos résultats montrent que le comportement des résidents est affecté par la densité de la population d'origine de ces immigrants. La densité de la population modifie certains traits comportementaux tels que l'agressivité ou l'activité (*e.g.* Rose 1981, Lecomte *et col.* 1994, Aars et Ims 2000). Ces changements induits par la densité peuvent servir d'indices comportementaux renseignant sur la densité de la population. Nous avons donc mesuré, en laboratoire, le comportement des sub-adultes vivant dans des populations de densités différentes (Cote *et col.* 2008). Nous pouvons constater que la densité augmente le temps d'activité alors que les autres comportements mesurés ne semblent pas affectés (*e.g.* thermorégulation). En population de forte densité, les ressources alimentaires et spatiales sont moins disponibles. Cela entraîne un fort niveau de compétition et d'interactions sociales (*e.g.* Simon 1975). La restriction alimentaire et le stress social augmentés par la densité sont deux paramètres de stress pour la plupart des espèces (Silverin, 1998, Jacobson 1999, Lanctot *et col.* 2003, Comendant *et col.* 2003). La réponse hormonale à ces stress, via l'élévation du taux de corticostérone, initie un ensemble de changements comportementaux permettant de réduire ou d'échapper à la source de ce stress. Parmi ces changements, une augmentation de l'activité locomotrice et journalière est observée chez plusieurs espèces incluant le lézard vivipare (Moore *et col.* 1984, Dufty et Belthoff 1997, de Fraipont *et col.* 2000, Cote *et col.* 2006). Ces changements dépendant du stress constituent une explication à l'augmentation d'activité des sub-adultes vivant dans des populations de forte densité.

Pour tester le transfert d'information relative à la densité, nous avons observé les changements comportementaux induits par une interaction avec un congénère d'une population de faible ou de forte densité. Ce test a été réalisé à l'échelle individuelle dans deux situations : soit le lézard ayant subi l'interaction avec un congénère pouvait changer de micro-habitat (*i.e.* abri et spot de thermorégulation), soit le lézard était contraint de rester dans ce même micro-habitat. Nous avons créé ces deux situations car elles représentent une alternative présente dans les situations naturelles. Ainsi, en milieu naturel, un individu répond à un élément stressant selon deux types de réaction : fuir ou se cacher (Wingfield et Ramenofsky 1999). Quand la dispersion est possible et peu coûteuse, des mouvements locaux permettent à l'individu de fuir la source de stress. Quand de tels mouvements sont risqués (*e.g.* prédation) ou que la source de stress est temporaire (*e.g.* conditions climatiques), les individus préféreront se cacher et attendre de meilleures conditions. Dans notre étude, l'interaction avec un individu d'une population de forte densité entraîne ces deux types de réaction. Après une interaction avec un individu d'une population de forte densité, les sub-adultes, de nouveau seuls, passent plus de temps cachés s'ils ne peuvent pas fuir. Au contraire, ces individus changent plus d'habitat lorsque cette possibilité leur est donnée. Ces résultats montrent donc que les lézards peuvent percevoir la densité d'origine d'un congénère au cours d'une interaction. Ceux-ci modifient leur utilisation de l'espace en réponse à cette information, ce qui soutient les résultats observés au niveau de la population. Par quel mécanisme cette information est-elle transmise ?

Les individus utilisés comme informateurs (sous-échantillon des populations expérimentales) ne présentaient pas, dans cette expérience, de différences de condition, ni de couleur selon la densité de leur population. Il existait une différence de taille corporelle mais celle-ci n'affectait ni le comportement ni le transfert d'information. Nous n'avons observé aucune morsure entre les sub-adultes durant notre expérience, éliminant l'agression directe comme source potentielle d'information. Une étude précédente et une expérience complémentaire, non présentée dans cette thèse, montrent que les indices olfactifs de populations de forte ou de faible densité ne semblent pas affecter le comportement des sub-adultes (Meylan et Clobert soumis). Ainsi, le transfert d'information dépend plus probablement des changements comportementaux. Particulièrement, l'augmentation de l'activité d'un lézard interagissant peut entraîner une information pour le receveur. Comme nous l'avons observé, cela le conduirait à adopter des réponses comportementales stéréotypées du stress. Bien que d'autres tests soient nécessaires pour manipuler directement le transfert d'information, l'utilisation de l'espace dépendant de cette information a des conséquences importantes sur la sélection d'habitat.

III - B. Autres sources d'information : indices et signaux multiples

En variant la disponibilité des ressources alimentaires et sexuelles, la densité en congénères modifie les pressions de sélection agissant sur le développement phénotypique des nouveau-nés (Stamps et Krishnan 1997, LeBlanc *et col.* 2001). Certains traits du phénotype peuvent ainsi être affectés par un changement de la densité de la population. De plus, les pressions de sélection n'affectant pas de façon symétrique le développement des jeunes femelles et des jeunes mâles, le dimorphisme sexuel peut être profondément modifié par la densité (Stamps et Krishnan 1997, LeBlanc *et col.* 2001). Nous avons donc mesuré les conséquences de la densité sur deux traits phénotypiques du dimorphisme sexuel : la taille corporelle et la couleur ventrale. Le dimorphisme sexuel de cette espèce comprend une différence de taille corporelle, de condition corporelle et de couleur ventrale (Bauwens et Verheyen 1985, Pilorge *et col.* 1987). Les femelles sont plus grandes que les mâles alors que ceux-ci sont plus corpulents (Pilorge *et col.* 1987). La couleur ventrale, présente de la gorge à la base de la queue, varie du jaune au rouge pour les mâles et du jaune clair à l'orange chez les femelles (Vercken *et col.* sous presse). La couleur ventrale apparaît dès l'âge d'un an, la reproduction débutant vers l'âge de 2 ans dans les populations naturelles (Bauwens et Verheyen 1985, Pilorge *et col.* 1987). Pour ces raisons, nous avons mesuré ces traits phénotypiques sur des sub-adultes de populations expérimentales de forte et de faible densité. Pour réaliser cela, nous avons relâché 402 nouveau-nés dans des populations semi-naturelles en créant deux densités différentes. L'année suivante, nous avons capturé les survivants (61 femelles et 47 mâles) pour les peser, les mesurer et prendre leurs spectres de couleur (manuscrit en préparation).

La densité de la population affecte différemment les mâles et les femelles, conduisant à un dimorphisme sexuel dépendant de la densité. Les individus vivant dans une population de faible densité sont plus grands ($F_{1,14} = 8.96$, $P = 0.0097$) et de meilleure condition corporelle ($F_{1,14} = 4.95$, $P = 0.043$). L'effet négatif de la densité sur la taille corporelle est dépendant du sexe ($F_{1,33} = 4.38$, $P = 0.0440$) et significatif uniquement pour les mâles (femelles : $F_{1,14} = 0.55$, $P = 0.47$, mâles : $F_{1,14} = 16.72$, $P = 0.0013$). Au contraire, l'effet de la densité sur la condition corporelle ne dépend pas du sexe ($F_{1,33} = 0.00$, $P = 0.96$). Cela résulte en une différence de taille corporelle entre les sexes (*i.e.* dimorphisme sexuel) uniquement significative dans les populations de forte densité (forte densité : $F_{1,22} = 16.41$, $P = 0.0005$, faible densité : $F_{1,9} = 0.38$, $P = 0.55$). Au niveau de la couleur, la densité a également des effets différents sur les femelles et les mâles (densité*sexe: $F_{1,28} = 4.39$, $P = 0.04$). Dans les populations de faible densité, les mâles sont significativement plus colorés alors que la couleur n'est pas affectée chez les femelles (femelles : $F_{1,14} = 1.63$, $P = 0.22$, mâles : $F_{1,14} = 4.77$, $P = 0.048$). Au contraire de la taille, le dimorphisme sexuel de couleur est uniquement significatif dans les populations de faible densité (forte densité : $F_{1,19} = 3.27$, $P = 0.09$, faible densité : $F_{1,10} = 13.89$, $P = 0.0039$). Nous pouvons expliquer ces résultats par un effet de la densité sur les pressions de sélection subies ou sur l'ontogénie du dimorphisme sexuel. Dans les populations de forte densité, la compétition pour la nourriture est augmentée alors que les sub-adultes sont trop petits pour accéder à la reproduction dès leur première année. Au contraire, dans les populations de faible densité, la compétition pour la nourriture est réduite alors que l'accès à la reproduction pour les sub-adultes est augmentée. Ainsi, les femelles jeunes et adultes ont une probabilité d'être gravide plus élevée dans les populations de faible densité ($F_{1,14} = 4.68$, $P = 0.048$). Cet accès à la reproduction pourrait conduire à la sélection de sub-adultes à caractères sexuels secondaires plus prononcés. Nous observerions alors des mâles plus colorés dans les populations de faible densité. Cependant, un développement des caractères sexuels dépendant de la densité pourrait expliquer ces résultats. Certaines études prédisent que les membres de chaque sexe doivent atteindre une taille corporelle minimale pour produire le développement de caractères sexuels secondaires (Stamps et Krishnan 1997). Ceci est en accord avec une croissance plus rapide dans les populations de faible densité. La taille corporelle minimale pour accéder à la reproduction serait donc atteinte plus rapidement, permettant aux mâles de développer leurs couleurs vives. Une faible densité en congénères conduirait ainsi à des mâles plus grands et plus colorés à l'âge d'un an. Bien que la taille corporelle est corrélée positivement avec la couleur ($F_{1,28}$ = 18.74, P = 0.0002), l'effet de la densité sur le dimorphisme sexuel de couleur est toujours présent lorsque nous ajoutons la taille corporelle dans les modèles statistiques. Ce résultat est en opposition avec un effet de la densité sur l'ontogénie des dimorphismes sexuels. Même si une sélection dépendante de la densité semble plus probable, d'autres analyses restent nécessaires pour déterminer précisément le mécanisme.

D'un point de vue informatif, la densité de la population affecte donc la taille et la couleur des mâles. Ces deux traits phénotypiques peuvent alors être utilisés comme signaux dans les interactions intra- et inter-sexuelles. Par exemple, ces deux traits semblent signaler la qualité des individus dans les compétitions pour les ressources sexuelles et alimentaires (voir manuscrits 9 et 10 des annexes et données non publiées pour la compétition pour la nourriture). Ces traits peuvent donc être utilisés à la fois comme des signaux de qualité individuelle et des indices reflétant la qualité des populations avoisinantes. Bien que dans notre précédente étude (voir partie II – B) la taille et la couleur des jeunes immigrants n'étaient pas encore affectées par la densité, ces indices pourraient être émis par les sub-adultes. A partir d'un an, ces traits phénotypiques pourraient jouer le rôle d'indices dans la sélection d'habitat et de signaux dans la sélection intra- et inter-sexuelle. Lors d'une interaction intra- ou inter-sexuelle, le récepteur évaluerait la qualité de son partenaire grâce à ces traits phénotypiques alors que ces traits permettraient au récepteur d'estimer la qualité de populations lors d'un choix d'habitat. Ces traits du phénotype pourraient ainsi avoir alternativement le rôle d'indices émis par inadvertance et de signaux intentionnels selon l'utilisation faite par le récepteur.

III - C. Différences individuelles dans l'utilisation de l'information

L'intégration et l'utilisation d'une information dépendent des capacités sensorielles et de l'avantage des récepteurs à l'utiliser (voir chapitre I). En d'autres termes, l'information n'a pas la même valeur ni la même utilité pour tous les individus. Nous avons montré que l'utilisation de certaines informations peut varier selon la capacité compétitrice des individus (voir partie II – B). Un individu à faible capacité compétitrice peut être plus sensible à une information relative à la densité de congénères. Cette information devrait être plus utilisée dans ses décisions comportementales. Plusieurs études récentes démontrent l'existence de traits comportementaux constants au cours de la vie d'un individu et à travers les contextes environnementaux (revue dans Sih *et col.* 2004 et Dall *et col.* 2004). Cette notion de personnalités, ou de syndromes comportementaux, permet d'expliquer pourquoi tous les individus ne réagissent pas identiquement à une même condition environnementale. En accord avec cette théorie, tous les individus ne devraient pas utiliser les mêmes informations ni développer la même réponse comportementale pour une information donnée. (Marchetti et Drent 2000) montrent, par exemple, que l'utilisation de l'information sociale dépend de la personnalité exploratrice des mésanges charbonnières.

L'information relative à la densité apparaît comme un bon candidat à une utilisation dépendante de la personnalité. Chez de nombreuses espèces, certains individus évitent constamment les interactions sociales tandis que d'autres les recherchent (Gosling et John 1999). Ce trait comportemental, nommé sociabilité ou tolérance sociale, devrait affecter la réaction à une augmentation de la densité. En effet, un individu 'asocial' devrait réagir négativement à un fort niveau d'interactions sociales lié à une forte densité, alors que cela ne devrait pas être le cas pour des individus 'sociaux'. Chez le lézard vivipare, nous pouvons montrer une attraction variable vis à vis d'indices olfactifs laissés par les congénères (Cote et Clobert 2007b). Cette différence individuelle de tolérance sociale est, au minimum, présente de la naissance à l'âge d'un an. L'information relative à la présence de congénères entraîne donc des réponses comportementales dépendantes des différences individuelles de 'sociabilité'. La personnalité 'sociale' influe également sur la réaction comportementale à la densité. Ainsi, les individus fortement attirés par l'odeur de congénères dispersent plus des populations de faible densité, alors que les individus faiblement attirés tendent à disperser plus des populations de forte densité. Les individus montrant une attraction sociale à la naissance semblent donc rechercher des populations plus denses lorsqu'ils vivent dans des populations de faible densité. Le contraire tend à être vrai pour les individus à faible attraction sociale à la naissance. Ces résultats sont corroborés par la réaction des individus dans leurs nouvelles populations. Un individu dispersant d'une population de faible densité, et donc supposé rechercher une population plus dense, s'installe plus souvent dans une population de forte densité que dans une population de faible densité.

Nos résultats suggèrent fortement que les personnalités sociales existent et qu'elles affectent les décisions de dispersion. Dans cette étude, nous n'avons pas pu tester une utilisation dépendante de la personnalité des informations relatives aux populations avoisinantes. Cependant, nous démontrons que l'utilisation des informations relatives à la présence de congénères ainsi que la réaction à une augmentation de la densité dépend des personnalités sociales des lézards vivipares.

IV. D'AUTRES SOURCES D'INFORMATION ?

Nous avons illustré l'existence et les mécanismes de quelques informations socialement acquises chez le lézard vivipare. Cependant, d'autres conditions environnementales peuvent induire des indices ou signaux permettant de renseigner sur la qualité d'un individu et d'une population. Dans ce chapitre, nous développerons deux informations : une relative à la qualité d'un individu, l'état de stress, et l'autre relative à la population, le sexe-ratio. Nous n'avons pas eu la possibilité de tester le transfert de ces informations, mais nous présenterons les signaux et indices émis ainsi que l'utilité potentielle de telles informations.

IV - A. Renseigner sur son niveau de stress et sur l'état de la population

Dans leur milieu naturel, les animaux sont soumis à de nombreux facteurs stressants tel que la prédation, les conditions climatiques ou la disponibilité des ressources. Ces facteurs stressants sont souvent les signes de mauvaises conditions environnementales. Face à ces stress, les individus répondent par la modification de paramètres comportementaux et physiologiques permettant de limiter les effets négatifs de ces mauvaises conditions (Wingfield et Ramenofsky 1999). En modifiant son comportement et sa physiologie, un individu stressé produit des indices reflétant son état de stress. Ces indices peuvent ainsi être une source d'information relative à la qualité de l'individu (*i.e.* état de stress) mais également à la qualité des conditions environnementales. Parmi les réponses physiologiques au stress, la production de glucocorticoïdes est une réponse commune à de nombreux facteurs de stress (Axelrod et Reisine 1984, Romero *et col.* 2000, Harvey *et col.* 1984, Breuner et Hahn 2003). Chez de nombreuses espèces, la libération de corticostérone, la principale glucocorticoïde, engendre des modifications comportementales et physiologiques. Cette hormone permet de mobiliser l'énergie en augmentant des processus de catalyse qui aboutissent, entre autre, à la dégradation des protéines musculaires (Holmes et Phillips 1976). Cette mobilisation d'énergie engendrée par la corticostérone va permettre la mise en place d'une réponse comportementale permettant d'échapper aux effets négatifs du stress ou au stress lui-même (revue dans

Wingfield et Ramenofsky 1999, e.g. Dufty et Belthoff 1997, Brotto *et col.* 2001, Breuner *et col.* 1998, Astheimer *et col.* 1992, DeNardo et Sinervo 1994). Chez le lézard vivipare, la corticostérone induit bien une mobilisation de l'énergie qui se reflète dans une consommation de nourriture plus importante associée à une forte perte de masse par gramme de nourriture ingérée (Cote *et col.* 2006). La corticostérone conduit également à une durée et un taux d'activité journalière plus importants (Cote *et col.* 2006, de Fraipont *et col.* 2000). L'augmentation de l'activité et de la prise alimentaire est concordante avec d'autres études montrant une activité et une recherche de nourriture plus importantes (Gross *et col.* 1980, Silverin 1986, Wingfield et Silverin 1986, Dufty et Belthoff 1997, Brotto *et col.* 2001, Breuner *et col.* 1998, Astheimer *et col.* 1992, DeNardo et Sinervo 1994). Cette modification de l'activité pourrait constituer un indicateur de réponse au stress perceptible par les congénères. Les interactions sociales sont également affectées par la corticostérone. En effet, la corticostérone induit la ré-allocation de l'énergie utilisée dans la reproduction et les interactions agressives dans la réponse au stress (Greenberg et Wingfield 1987, DeNardo et Licht 1993, Breuner *et col.* 1998). Chez le lézard vivipare, la corticostérone augmente la tolérance sociale pour l'exploitation des ressources spatiales et augmente ainsi le partage des ressources des individus traités à la corticostérone (données non publiées). Cette proximité plus importante pourrait permettre un transfert plus important de l'information. En plus de ces indices comportementaux, la corticostérone affecte profondément la couleur des individus (Fitze *et col.* 2009 et données non publiées). Même si le mécanisme demeure inconnu, notre étude montre que la corticostérone rend les individus plus colorés (*i.e.* plus orange). Plusieurs études complémentaires révèlent que cet effet est rapide (i.e. dès 4 jours de traitement) et existe pour les deux sexes, dès l'âge d'un an, et pour différentes situations (*e.g.* statuts reproducteurs, régimes alimentaires). La théorie de l'honnêteté des signaux dépendant des caroténoïdes prédirait une couleur réduite par le stress. Bien que la couleur ventrale des lézards vivipares soit déterminée par les caroténoïdes (Fitze *et col.* 2009), la disponibilité des caroténoïdes n'est pas un facteur limitant de la couleur de cette espèce. En appliquant directement la corticostérone et non le facteur stressant, nous avons simulé une plus grande capacité à répondre au stress, et non un stress plus important. La couleur ventrale plus orange, également corrélée à la condition corporelle, signalerait honnêtement la capacité d'un individu à répondre au stress. Nos études prédisent également que pour un stress donné un mâle produisant plus de corticostérone survivrait mieux, alors qu'un tel effet n'existe pas chez les femelles. En utilisant la couleur comme signal de la capacité à répondre au stress, les lézards pourraient estimer un paramètre de la qualité des mâles, le succès des mâles dans des conditions stressantes. Les indices comportementaux renseigneraient sur l'état de stress des individus tandis que les signaux colorés refléteraient un paramètre de qualité de l'individu, sa capacité à répondre au stress. Toutefois, les indices comportementaux pourraient également être perçus comme des indicateurs de la qualité de l'habitat.

Au niveau de la population, le niveau de corticostérone est un indicateur des conditions environnementales (Marra et Holberton 1998, Romero et Wikelski 2001, Lanctot *et col.* 2003). Dans des conditions stressantes, les individus vont produire de la corticostérone. Dans nos études, l'application de corticostérone sans la source de stress représente la réponse adaptative au stress. Cependant, mesuré à un instant donné, le niveau de corticostérone sanguin reflète la quantité de stress induite par de mauvaises conditions environnementales tels que le manque de ressources alimentaires, la prédation et le climat (Marra et Holberton 1998, Romero et Wikelski 2001, Lanctot *et col.* 2003). Grâce aux effets maternels, ce type d'information est également utilisé à travers les générations (Meylan *et col.* 2002). Chez le lézard vivipare, le niveau de corticostérone maternel constituerait une sorte d'information sur la qualité des conditions environnementales ou sur la santé de la mère dépendant de l'âge de cette mère (Meylan *et col.* 2002). En réponse, les jeunes modifient leur décision de dispersion pour éventuellement fuir les mauvaises conditions (Meylan *et col.* 2002). Cependant, les individus adultes n'ont pas directement accès au niveau sanguin de corticostérone de leurs congénères. L'existence d'indices, par exemple comportementaux, permettrait aux individus d'estimer le niveau de stress et ainsi la qualité d'une population. D'autres informations pourraient également être estimées à partir de ces indices. Par exemple, chez la paruline flamboyante, les niveaux de corticostérone sanguins sont affectés par le sexe-ratio adulte lors de la saison de reproduction (Marra et Holberton 1998). A partir des indices produits lors d'un stress, d'autres informations, telles que le sexe-ratio, pourraient être estimées. Le sexe-ratio futur de la population étant un paramètre important de la valeur sélective des individus (voir partie IV - B), l'acquisition de toute information relative au sexe-ratio est essentielle.

IV - B. Renseigner sur le sexe-ratio des autres populations

Le sexe-ratio adulte est un facteur essentiel de la dynamique des populations et de la sélection sexuelle (*e.g.* Legendre *et col.* 1999, Jirotkul 1999, Le Galliard *et col.* 2005). Chez le lézard vivipare, un excès de mâles adultes conduit à une augmentation des agressions sexuelles (Le Galliard *et col.* 2005). Un sexe-ratio biaisé vers les mâles a ainsi des conséquences dramatiques sur la viabilité des populations par l'intermédiaire de coûts importants pour les femelles (Le Galliard *et col.* 2005). Ainsi, un haut niveau d'agression des mâles réduit la survie et la reproduction immédiates des femelles adultes (Le Galliard *et col.* 2005, 2008). Tout mécanisme permettant d'estimer le sexe-ratio d'une population avant de s'y installer devrait donc être sélectionné. La prospection n'existant pas chez le lézard vivipare (partie II – B), nous faisons l'hypothèse que les immigrants pourraient être de nouveau la source d'information. Pour que cette hypothèse soit juste, les immigrants doivent exhiber des indices informatifs du sexe-ratio de leur population d'origine. Plusieurs indices pourraient être le support de cette information. Une expérience manipulant le sexe-ratio adulte sur une année a montré que la couleur ventrale des femelles adultes est moins prononcée dans les populations à sexe-ratio biaisé vers les mâles. Cette modification du signal coloré semble être le sous-produit d'un taux élevé d'agressions des mâles. L'entièreté des résultats sur les coûts pour les femelles suggère que ce signal reflèterait une mauvaise condition des femelles dans les populations à sexe-ratio biaisé vers les mâles. En tant qu'information portée par les immigrants femelles, cette couleur réduite pourrait être un indice de la qualité de leur population d'origine. La couleur des mâles restant inchangée, cet indice serait uniquement porté par les immigrants femelles. Nous pourrions ainsi prédire que les récepteurs mâles et femelles ne prendraient pas les mêmes décisions en réponse à cette information.

Cependant, la majeure partie des immigrants est représentée par les jeunes lézards. La couleur ventrale des jeunes n'étant pas affectée par le sexe-ratio, la quantité d'information semble faible. Néanmoins, un second paramètre de l'immigration peut être à l'origine d'un transfert d'information. Le Galliard et col. (2005) montrent que le sexe-ratio adulte ne modifie pas différemment la probabilité de disperser des jeunes mâles et des jeunes femelles. En d'autres termes, une population biaisée vers les mâles produirait un pool de dispersants également biaisé vers les mâles. Le sexe-ratio des immigrants dépendrait ainsi du sexe-ratio des populations extérieures mélangées. Bien que cette information ne permette pas obligatoirement de prédire le sexe-ratio de chaque population (voir localisation des habitats, partie II – B), elle permet à l'éventuel dispersant de 'comparer' le sexe-ratio de sa population à celui du monde extérieur. Pour tester cette hypothèse, nous avons analysé l'effet du sexe-ratio des immigrants sur la dispersion natale. Au cours des deux dernières expériences (partie II – B et une autre expérience), les immigrants étaient lâchés aléatoirement dans les populations. Il en résulte une variation du sexe-ratio final des immigrants pour chaque population. Ainsi, le sexe-ratio moyen des immigrants était de 0.48 ± 0.23 (sexe-ratio femelle, 0.61 ± 0.30 en 2004 et 0.39 ± 0.10 en 2005) et variait de 0 à 1. Chaque année, l'expérience se déroulait sur un ensemble de 16 populations. Au cours de la saison d'activité et après le lâcher des nouveau-nés, nous avons pu mesurer la dispersion provenant de ces populations. Nous faisons l'hypothèse que le sexe-ratio des immigrants affecte la dispersion des résidents. Nous pouvons ainsi étudier l'impact du sexe-ratio des immigrants sur un total de 32 populations (manuscrit en préparation). Les deux expériences s'étant déroulées sur deux années consécutives, nous pouvons également tester la dépendance de nos effets au contexte. La probabilité de disperser tend à être positivement liée à la proportion de femelles au sein des immigrants ($F_{1,511} = 3.14$, $P = 0.08$). Cependant, l'interaction entre le sexe du jeune et le sexe-ratio des immigrants est significative ($F_{1,511} = 4.34$, $P = 0.0378$). Les femelles dispersent plus lorsque le sexe-ratio des immigrants est biaisé vers les femelles alors qu'aucun effet n'est présent chez les mâles (contrastes, femelles $F_{1,511} = 8.19$, $P = 0.0044$, mâles $F_{1,511} = 0.01$, $P = 0.90$). Ces effets ne sont pas significativement différents entre les années (année*sexe-ratio: $F_{1,510} = 1.75$, $P = 0.19$, année*sexe-ratio*sexe :$F_{1,510} = 1.19$,

P = 0.27), suggérant un effet du sexe-ratio indépendant de l'année. Enfin, plus le sexe-ratio est biaisé vers les femelles, plus la taille corporelle des dispersants des deux sexes est grande ($F_{1,43}$ = 6.26, P = 0.0163). Cet effet est significatif pour les deux années de l'étude (sexe-ratio*année: $F_{1,43}$ = 5.68, P = 0.0217; Contrastes, 2004: $F_{1,43}$ = 4.42, P = 0.0415, 2005: $F_{1,43}$ = 6.64, P = 0.0135). Ces résultats montrent que 1) le sexe-ratio affecte la dispersion dépendante du sexe chez les jeunes lézards, et 2) qu'elle affecte le phénotype des dispersants. La question du mécanisme par lequel le sexe-ratio des immigrants affecte la dispersion reste présente. Nos résultats montrent que les résidents subissent différemment l'arrivée d'une femelle ou d'un mâle. Plusieurs différences phénotypiques liées au sexe peuvent expliquer cette réaction différente. Dans nos expériences, la dispersion survient dans les premières semaines de vie des nouveau-nés. Aucune de nos expériences ne montre de comportement dépendant du sexe pour les juvéniles. Le temps d'activité, de thermorégulation, le nombre d'interactions sociales, et la probabilité de disperser ne semblent pas différentes au cours de la première année. En effet, la différentiation sexuelle de certains comportements semble survenir avec l'accès à la reproduction (*i.e.* entre 1 et 2 ans). Le comportement n'est donc pas une explication probable de l'effet du sexe-ratio des immigrants. Chez le lézard vivipare, les femelles diffèrent des mâles par leur taille corporelle et leur couleur ventrale. Alors que la couleur ventrale n'est pas exprimée durant la première année, le dimorphisme de taille corporelle est présent dès la naissance et s'amplifie au cours de la première année. Cependant, nous pouvons montrer que la taille moyenne des immigrants n'affecte pas la probabilité de disperser (taille moyenne : $F_{1,512}$ = 0.00, P = 0.96, taille moyenne*sexe : $F_{1,512}$ = 6.26, P = 0.64), et qu'un modèle incluant la taille moyenne des immigrants mène aux mêmes effets du sexe-ratio. Le dimorphisme sexuel de taille corporelle et de couleur ventrale n'est donc pas non plus la bonne explication à l'effet du sexe-ratio des immigrants. Il existe un autre mécanisme possible, les indices olfactifs. Léna *et col.* (1998) montrent, en effet, que la réaction à l'odeur d'un mâle adulte est différente pour un juvénile mâle et un juvénile femelle. Les indices olfactifs laissés par les immigrants des deux sexes pourraient constituer des indices sur le sexe des immigrants. Néanmoins, Léna *et col.* (1998) montrent aussi que l'odeur des nouveau-nés n'affecte pas le comportement d'autres nouveau-nés. Les immigrants de notre étude sont, cependant, plus âgés que dans l'étude de Léna *et col.* (1998). La maturation des individus peut avoir ainsi permis une modification ou une construction des indices olfactifs. Jusqu'à présent, les études sur l'odeur des juvéniles n'ont pas distingué l'odeur des mâles et des femelles. La différentiation sexuelle de l'odeur pourrait, néanmoins, exister dès les premiers jours de vie. Ce mécanisme, non testé actuellement, reste un mécanisme possible et réaliste pour expliquer le rôle du sexe-ratio des immigrants dans la décision de dispersion.

L'effet du sexe-ratio des immigrants peut être vu de deux façons. Premièrement, une arrivée de plus de jeunes femelles, ou de moins de jeunes mâles, peut représenter le potentiel reproducteur futur de la population. Les immigrants (*i.e.* dispersants) survivant souvent mieux dans leur population d'arrivée, le sexe-ratio adulte futur pourrait dépendre assez fortement du sexe des arrivants. En conséquence, une femelle pourrait avoir intérêt à disperser d'une population où le sexe-ratio futur sera biaisé vers les femelles. Deuxièmement, le sexe-ratio des immigrants peut informer sur le sexe-ratio moyen des populations avoisinantes. Sous cette hypothèse, on prédirait une dispersion plus importante des mâles pour un sexe-ratio immigrant biaisé vers les femelles. Nous observons le résultat inverse. Cependant, au vu des coûts qu'une femelle subit dans une population où le sexe-ratio est biaisé vers les mâles, une jeune femelle réduirait ces coûts futurs en s'installant dans des populations peu biaisée vers les mâles. En milieu naturel, le sexe-ratio adulte sur toute la population est biaisé vers les femelles. Un sexe-ratio immigrant biaisé vers les mâles refléterait un taux anormal de mâles dans les populations avoisinantes, potentiellement coûteux pour les femelles. Les femelles devraient, en réponse, rester plus souvent dans leur population face à un sexe-ratio immigrant biaisé vers les mâles. Ces deux interprétations restent très possibles. Pour mieux distinguer entre les alternatives, il est nécessaire de réaliser une meilleure estimation des différences sexuelles chez les juvéniles ainsi qu'une mesure précise de l'impact des immigrants sur la dynamique des populations et sur la valeur sélective des résidents.

CONCLUSION ET PERSPECTIVES

Synthèses des principaux résultats

Au cours de cette thèse, nous avons démontré l'existence de plusieurs types d'informations sociales. Les lézards vivipares peuvent ainsi renseigner leurs congénères sur plusieurs traits relatifs à la qualité de leur population. A la vue de l'ensemble de ces résultats, nous pouvons nous interroger sur l'avantage de ces informations. Particulièrement, de nombreux traits peuvent être interprétés comme de l'information sans que ceux-ci ne soient utilisés. Ainsi, la plupart des traits phénotypiques sont 1) gouvernés par les conditions internes et externes de l'individu et 2) perçus par la plupart de ses congénères. Le potentiel informatif est donc présent dans tous ces traits. Mais cela n'induit pas obligatoirement leur utilisation comme outil informatif. En effet, l'utilisation efficace d'une information est contrainte par plusieurs nécessités. Premièrement, l'information doit être utilisée par un ou plusieurs récepteurs. Pour répondre à cette nécessité, nous avons testé le transfert de l'information dans plusieurs études. Observer la réponse comportementale (*e.g.* dispersion) d'individus recevant l'information permet de tester l'utilisation et les implications de cette information. Cependant, la voie du signalement impliquée dans ce transfert reste souvent inconnue. Mesurer uniquement le signal induit par un 'état donné' permet ainsi de connaître les mécanismes de transfert d'information. Les études présentées illustrent la deuxième nécessité pour une efficacité de l'information : à partir d'un signal ou d'un indice, un récepteur doit être capable d'acquérir une information honnête et distincte d'autres informations. Or, certains signaux sont induits par plusieurs conditions environnementales. Par exemple, la couleur ventrale des lézards vivipares est dépendante de plusieurs conditions internes et externes. Une forte densité ralentit le développement de la couleur des jeunes mâles. De même, un sexe-ratio biaisé vers les mâles induit des femelles moins oranges. Et finalement, la couleur ventrale des femelles et des mâles change positivement lors d'une réponse au stress. Ces trois résultats soulignent des conditions multiples affectant la couleur ventrale. De façon plus générale, un signal commun pour des conditions diverses ne permet pas à l'individu de décider de façon adéquate. Par exemple, le sexe-ratio et la densité n'ayant pas les mêmes conséquences sur la valeur sélective des femelles, une mauvaise traduction du signal peut être coûteuse. Partir ou rester dans sa population ne devrait donc pas dépendre de cet unique signal. D'autres moyens permettent de réceptionner la bonne information dans ces situations. L'existence de signaux multiples correspond à un de ces moyens (Møller et Pomiankowski 1993, Johnstone 1997). Effectivement, une condition environnementale donnée affecte rarement un seul trait phénotypique. Particulièrement, le comportement, une composante multiple du phénotype, est modifié par la plupart des conditions environnementales. Chez le lézard vivipare, le comportement de thermorégulation et l'activité sont modifiés en réponse au stress, alors que la densité affecte uniquement l'activité. L'association d'indices comportementaux à d'autres traits phénotypiques modifiés permet ainsi de distinguer entre plusieurs sources d'informations pour prendre une décision plus circonstanciée. La réception de signaux ou d'indices émis par plusieurs signaleurs est également un moyen de s'assurer de la nature de l'information transférée. L'émission d'un même signal par plusieurs individus reflète une information sur un groupe d'individus. Le récepteur peut ainsi interpréter ce signal en fonction des caractéristiques communes des individus de ce groupe (*e.g.* même sexe, même origine, même âge). Dans cette thèse, nous avons montré que les immigrants peuvent être une source d'information sur la qualité des populations avoisinantes. L'utilisation de cette information nécessite l'association de deux sources d'information : une source renseignant sur le statut de dispersion de l'individu (de la même population versus pas de la même population) et une source renseignant sur la qualité de la population de l'immigrant (*e.g.* densité). Pour récupérer ces deux informations, le récepteur doit 'comparer' les indices de différents individus émetteurs pour distinguer les résidents des immigrants. Après cette distinction, l'émetteur peut estimer la qualité des populations avoisinantes. Cette double estimation permet ainsi au récepteur d'acquérir avec plus de certitude la bonne information. En plus de l'association de différentes sources d'information, la redondance d'un signal peut permettre une meilleure estimation (voir chapitre I). En effet, un récepteur observant plusieurs femelles étrangères émettant un signal peu coloré pourrait distinguer une information relative au sexe-ratio des populations extérieures d'autres informations affectant similairement les deux sexes.

Nous venons de préciser qu'un récepteur doit être capable de reconnaître si un individu est originaire d'une autre population. L'existence de phénotypes 'dispersants' a été démontrée chez plusieurs espèces (*e.g.* Dixon 1985, O'Riain *et col.* 1996). Le phénotype 'dispersants' comprend des traits morphologiques (*e.g.* Dixon 1985, Venable *et col.* 1998, O'Riain *et col.* 1996), des traits physiologiques (Dufty et Belthoff 2001) et des traits comportementaux (O'Riain *et col.* 1996, Meylan et Clobert soumis). Particulièrement, chez le lézard vivipare, les dispersants se caractérisent par une association de traits comportementaux constituant un syndrome comportemental (Meylan et Clobert soumis). Ces syndromes phénotypiques (*i.e.* physiologie, morphologie, comportement) ne diffèrent pas uniquement entre les dispersants et les non-dispersants. En effet, tous les dispersants ne possèdent pas les même spécificités du phénotype. Ainsi, les caractéristiques phénotypiques des dispersants dépendent du facteur induisant leur départ (*e.g.* densité, apparentement). Par exemple, nous montrons qu'un fort taux d'apparentement produit des dispersants de plus grande taille et de meilleure capacité à coloniser (résultats du manuscrit 1 non développés dans la thèse). Les individus réagissant à l'augmentation de l'apparentement sont donc de meilleurs colonisateurs. Cette capacité à coloniser est probablement le signe d'une préférence de ces individus pour des habitats vides, en accord avec une étude précédente (Le Galliard *et col.* 2005a). Cette dispersion dépendante de l'apparentement révèle ainsi un syndrome phénotypique 'colonisateur' constitué par des différences morphologiques (*e.g.* taille corporelle) et sûrement comportementales (*e.g.* préférence pour les habitats vides, néophilie). De façon similaire, nous démontrons l'existence de personnalités sociales correspondant aux deux réactions observées face à la densité de congénères : l'attraction sociale et la répulsion sociale. Il est probable que ces personnalités soient le signe de syndromes phénotypiques plus importants comprenant d'autres différences comportementales et physiologiques. L'existence de tels syndromes phénotypiques pourrait permettre de caractériser le statut ou la personnalité d'un individu. Certains traits du phénotype reflèteraient le statut 'intrinsèque' d'un individu alors que d'autres traits correspondraient à des signaux dépendants des conditions environnementales. Avoir simultanément accès à ces différents traits phénotypiques permettrait une estimation précise et efficace de l'information, ainsi que l'utilisation d'informations plus complexes.

L'existence d'une information socialement acquise ainsi que celle de syndromes comportementaux affecte profondément notre compréhension de l'évolution de la dispersion et de la dynamique des populations. En effet, l'évolution de la dispersion est la conséquence d'une balance entre les coûts de la dispersion et ses bénéfices (*e.g.* diminution d'une compétition intra-spécifique pour les ressources, évitement de la compétition entre apparentés, évitement de la consanguinité ; Clobert *et col.* 2001). L'information sociale permet d'augmenter les bénéfices et de réduire les coûts de la dispersion. Par exemple, nos résultats démontrent clairement que l'information sociale permet une estimation de l'apparentement d'une population. Cette estimation permet ainsi de fuir sa population natale en réponse à un niveau d'apparentement élevé. Il est généralement considéré que l'évitement de la compétition entre apparentés et l'évitement de la consanguinité dépendraient d'une estimation personnelle de sa compétition avec des apparentés (Lambin *et col.* 2001). Cette estimation personnelle peut être une source d'erreurs importantes car un degré personnel ne correspond pas nécessairement à la qualité de la population globale en termes d'apparentement. L'utilisation d'une information sociale constitue un mécanisme d'estimation de l'apparentement à l'échelle de la population et permet ainsi de prendre une décision basée sur la qualité et le devenir potentiel de sa population. Le même avantage existerait pour une information dépendante du niveau de stress. La réponse au stress est généralement considérée comme la réponse individuelle à une dégradation des conditions environnementales (Wingfield et Ramenofsky 1999). Cependant, une baisse de la condition individuelle ou une rencontre avec un prédateur sont de mauvais signaux de la qualité d'un habitat. Ces sources de stress individuel ne devraient donc pas induire les mêmes réponses comportementales que la réaction à une mauvaise qualité d'habitat. Par exemple, se déplacer localement ou se cacher dans un abri apparaissent comme des réponses plus adaptées et moins coûteuses qu'une dispersion vers d'autres habitats. La dispersion devrait donc correspondre à la réponse à un stress global de la population plus qu'à un stress individuel. L'information sociale serait ainsi un moyen d'estimer ce stress global et de moduler sa réponse en conséquence. Sans coût à la dispersion, un individu pourrait idéalement visiter toutes les populations pour estimer personnellement la qualité des différents habitats. Seulement, la dispersion demande du temps et de l'énergie pour une finalité incertaine en termes d'aboutissement du déplacement (*e.g.* prédation), de succès d'installation et de qualité de la future population. Nos études démontrent que ces coûts peuvent être réduits avant le départ des individus. A partir des indices émis par les immigrants, les éventuels dispersants pourraient ainsi estimer plusieurs paramètres qualitatifs des populations avoisinantes (*e.g.* densité, sexe-ratio). Ces individus pourraient alors comparer 'virtuellement' la qualité de leur population natale à celle des populations avoisinantes, ce qui permettrait aux éventuels dispersant de 'prédire' le succès de leur dispersion et leur valeur sélective dans la population future. En contribuant à l'estimation des coûts et des bénéfices, l'information sociale augmenterait le succès d'une dispersion. Cependant, le succès d'une dispersion dépend également de l'adéquation entre le type de dispersant et le type d'habitat d'arrivée. Nos études démontrent que certains dispersants connaissent un succès plus important dans la colonisation d'un habitat vide. D'autres dispersants semblent au contraire préférer des habitats à fortes ou à faible densité en congénères. Même si aucune mesure de valeur sélective n'a été effectuée, nous pouvons fortement prédire que les dispersants de syndromes phénotypiques différents réussiraient mieux dans leur habitat 'préférentiel'.

L'information sociale permettrait aux individus de syndromes différents de baser leur dispersion sur l'existence de leur habitat préféré plus que sur l'existence d'un habitat de bonne qualité. Cela résulterait en la réduction des coûts de la dispersion dépendant de l'adéquation syndrome-habitat.

Finalement, il existe d'importantes conséquences sur la dynamique des populations fragmentées. Une approche de dynamique des méta-populations nous permet de discuter des implications pour les populations fragmentées et l'invasions de nouveaux habitats (Levins 1969, Enbenhard 1991, Hanski et Gaggiotti 2004). La notion classique des méta-populations considère un ensemble d'habitats variant du statut vide à occupé, sous une dynamique d'extinctions et de colonisations (Levins 1969). La dispersion vient complexifier cette vision classique (Clobert *et col.* 2004) par son double rôle : le renforcement des habitats déjà occupés versus la colonisation des habitats vides. Nos études démontrent que ces deux processus ne sont pas réalisés par les mêmes types de dispersants. La colonisation serait effectuée par des dispersants à phénotype colonisateur en réponse à une information sur l'apparentement natal, alors que le renforcement serait la conséquence de dispersants tolérants socialement, répondant à une information sur la densité des populations avoisinantes. Cette dispersion à phénotypes 'spécialisés' affecterait fortement la composition de la population. En effet, un habitat vide devrait être colonisé par une classe particulière d'individus. En conséquence, les populations colonisées seraient composées d'individus à phénotype particulier, voir à génotype particulier. Néanmoins, il est nécessaire d'ajouter une échelle temporelle à cette dispersion à phénotypes particuliers. Supposons trois syndromes phénotypiques de dispersants : 1) les individus évitant complètement les congénères (i.e. colonisateurs), 2) les individus peu tolérants socialement (i.e. syndrome intermédiaire), et 3) les individus recherchant les congénères (*i.e.* individus sociaux). Les individus de la première catégorie quitteront leur habitat natal en réponse à un fort niveau d'apparentement pour s'installer préférentiellement dans un habitat vide. Après l'arrivée de quelques colonisateurs et leurs reproductions, cet habitat sera faiblement dense. En réponse à cette augmentation de la densité, quelques individus quitteront cet habitat pour immigrer dans un autre habitat. Ces immigrants porteront ainsi l'information sur l'existence d'habitats faiblement denses lorsqu'ils visiteront de nouvelles populations. Cette information entraînera, en conséquence, le renforcement de ces habitats colonisés par les dispersants à syndrome intermédiaire. Comme son nom l'indique, le renforcement augmentera la densité des habitats colonisés. De la même manière que précédemment, les individus quittant ces habitats (*i.e.* dispersants 'colonisateurs' et 'à syndrome intermédiaire') porteront l'information d'habitats denses aux habitats voisins. Finalement, cela résultera en un départ des dispersants recherchant les congénères pour s'installer dans ces habitats. L'utilisation différentielle de l'information créerait ainsi une fluctuation spatiale et temporelle de la composition en individus de syndromes spécifiques des habitats d'une méta-population. Nous avons distingué trois classes de dispersants à syndrome phénotypique bien distinct. Cependant, nous pouvons envisager la possibilité d'une gradation plus continue de ces syndromes à déterminismes génétiques et maternels complexes. En conséquence, la fluctuation de la structuration génétique et phénotypique devrait profondément affecter la dynamique de ces populations. Finalement, nos études montrent que les immigrants constituent une source d'information fiable sur les connections d'une méta-population. Une dispersion basée sur cette information sociale renforcerait les connexions entre les populations existantes, résultant en une homogénéisation des tailles de populations (Doncaster *et col.* 1997, Hanski et Gaggiotti 2004). Par conséquent, la probabilité d'extinction des patchs d'une méta-population devrait être réduite et ainsi la viabilité des populations fragmentées augmentée.

Perspectives

Bien que nos études démontrent l'existence d'informations socialement acquises chez le lézard vivipare, la compréhension du système informatif souffre de plusieurs lacunes. Ainsi, le lien entre le mécanisme de transfert et l'utilisation de l'information reste souvent mal compris. Dans nos études, nous prédisons un effet positif de l'information sur la dynamique des populations et des méta-populations, notamment via un effet sur la dispersion. Cependant, les modalités et les conséquences de l'utilisation de l'information manquent toujours de tests expérimentaux. Pour répondre à ces manques, plusieurs études sont nécessaires. Nous pouvons les regrouper en cinq catégories.

Mieux comprendre les signaux et les indices

Dans notre première étude, nous avons démontré l'existence de transfert d'information sur les interactions entre apparentés. Cependant, le mécanisme de ce transfert demeure inconnu. Par ailleurs, nous savons que les jeunes lézards dispersant en réponse à la présence de la mère ont une taille corporelle et une couleur ventrale différente à l'âge d'un an (données non publiées). Ces résultats soulignent l'impact important de la présence de la mère sur le phénotype de ses jeunes. Une série d'expériences devrait être réalisée pour connaître le rôle de la présence de la mère sur les indices comportementaux et olfactifs des jeunes. Même si plusieurs hypothèses existent, des études plus poussées sont également nécessaires pour tester les indices impliqués dans le transfert d'information par les immigrants. Par exemple, une mesure de l'impact de la densité sur les indices olfactifs permettrait de distinguer entre plusieurs hypothèses. Nous avons récemment mis en place des méthodes moléculaires d'identification de l'odeur pour notre espèce. Désormais, nous pouvons associer des réactions comportementales à des mesures moléculaires pour déterminer précisément le rôle de l'environnement dans le développement de l'odeur. Finalement, nous ne connaissons pas les mécanismes de modification de la couleur par la corticostérone (voir manuscrit 6). Cette modification, confirmée par cinq expériences et une étude corrélative en population naturelle, n'est pas en accord avec les théories classiques concernant les couleurs basées sur les caroténoïdes. Pour mieux cerner ce problème, nous avons récemment étudié les effets complémentaires de la corticostérone (enzymes antioxydantes, réponse immunitaire et métabolisme basal). Alors que la corticostérone modifie ces paramètres, ces effets n'expliquent qu'en partie le changement de couleur. Comprendre la détermination et la variabilité de la couleur ventrale nécessite donc des expériences complémentaires sur la physiologie de la couleur.

Cerner les modalités de l'utilisation de l'information

Dans notre discussion, nous concluons que toutes les informations ne devraient pas être utilisées par tous les individus dans tous les contextes. En effet, utiliser une information peut être coûteux et inutile dans certains contextes. Une première série d'expériences devrait permettre de comprendre les facteurs individuels déterminant l'utilisation d'une information. En proposant plusieurs informations à un groupe d'individus, il est possible de savoir quel type d'informations est utilisé par quel type d'individus et ainsi de pouvoir corréler cette utilisation aux traits phénotypiques des individus. Dans certaines conditions environnementales, l'utilisation d'une information sociale paraît également inappropriée. Ainsi, l'utilisation de l'information devrait être développée uniquement dans un contexte où elle présente un avantage. Par exemple, un individu vivant dans un milieu changeant régulièrement recevrait un faible avantage à utiliser l'information délivrée par les congénères de sa population actuelle. Des expériences au niveau de la population pourraient permettre d'estimer les conditions d'utilisation des différentes informations sociales.

Manipuler l'information

Comprendre les signaux et les indices nous permettrait de manipuler l'information et son transfert. Pour mesurer l'utilisation de l'information, l'étape suivante consiste en la manipulation du signal au lieu de la source d'information. Par exemple, nous pouvons collecter les odeurs d'individus de différentes conditions environnementales et manipuler directement les indices olfactifs présents dans une population. De façon plus générale, d'autres informations sociales existent sûrement chez le lézard vivipare. En considérant les immigrants comme support d'information, nous pouvons faire varier d'autres caractéristiques de la population d'origine telles que le sexe-ratio ou la densité d'une seule des classes d'âge. Par exemple, la proportion de juvéniles dans une population serait un indice important du succès reproducteur de la population. Enfin, il faudrait mesurer réellement le transfert d'information sur le niveau de stress d'une population. En appliquant le même protocole que pour l'apparentement, nous pourrions faire varier la proportion d'individus à fort niveau de corticostérone et mesurer la dispersion provenant de cette population. Si un individu peut renseigner sur son état de stress, un niveau plus élevé de corticostérone devrait induire un fort niveau de dispersion.

Développer la notion de syndrome phénotypique

Pour démontrer l'existence de syndromes phénotypiques, des suivis comportementaux et physiologiques de dispersants devraient être réalisés sur de longues périodes. Le protocole nécessaire est assez simple et similaire à celui présenté dans le manuscrit 5. Il faut mesurer un certain nombre de traits phénotypiques dès la naissance et au cours de la vie des individus. Ces mesures comprennent, par exemple, des dosages hormonaux, des mesures d'activité et d'interactions sociales. Ces individus devraient ensuite être placés dans des conditions environnementales variées avec la possibilité de disperser. Il suffirait ensuite de corréler le statut de dispersion et les conditions environnementales à la valeur des traits phénotypiques mesurés. Une nouvelle étape dans la compréhension de ces syndromes est de passer de l'observation à la compréhension des mécanismes sous-jacents de ces syndromes (*e.g.* génétique, effet maternel). Par exemple, le niveau de corticostérone maternel affecte profondément le phénotype des jeunes (e.g. de Fraipont *et col.* 2000, Meylan *et col.* 2002). La réponse au stress modifie la réaction des individus face à leur milieu naturel. La réponse au stress maternel devrait amener, par les effets maternels, à la production de jeunes à syndromes phénotypiques spécifiques. La compréhension de ces syndromes nécessite également la distinction entre facteurs génétiques et effets maternels. Plusieurs expériences permettraient de distinguer ces deux mécanismes. Deux étapes seraient particulièrement utiles pour répondre à cette question. La première consiste à la transplantation d'œufs entre des femelles de syndromes différents. Cette manipulation, utilisée dans d'autres espèces de reptiles, devrait être mise en place chez le lézard vivipare. En observant le syndrome phénotypique des juvéniles transplantés, il est ainsi possible de distinguer certains effets maternels de facteurs génétiques. Pour tester expérimentalement les facteurs génétiques, la seconde étape consisterait en une série d'accouplements contrôlés entre des individus de syndromes différents. L'association de toutes ces expériences permettrait de comprendre les origines et les implications des syndromes phénotypiques.

Conséquences sur la dynamique des populations

Nous avons réalisé nos expériences sur une échelle temporelle assez courte du point de vue de la population (*i.e.* 1 an). Cependant, notre système expérimental permet un suivi à long terme de la dynamique des populations. Plusieurs axes de recherche apparaissent alors importants. Une étude relativement simple est l'observation de la dispersion et de la dynamique de la population sur plusieurs années. En effet, certaines études prédisent que l'information sociale devrait être différemment utilisée après un certain temps (*e.g.* Boudjemadi *et col.* 1999, Le Galliard *et col.* 2003). Les nouveau-nés ne connaissant pas encore la qualité de leur population, ils utiliseraient plus l'information amenée par les autres que leur information personnelle. Le développement de l'information personnelle devrait en conséquence pondérer ou moduler l'utilisation de l'information sociale. Un suivi du comportement des jeunes sur plusieurs années permettrait de quantifier la part relative de l'information personnelle et sociale au cours de la vie. Une expérience à plus long terme nous permettrait également d'accéder aux conséquences des différents syndromes comportementaux sur la valeur sélective des individus et leurs conséquences sur la population. Finalement, nous avons conclut précédemment sur la structuration de la population en syndromes phénotypiques dépendante de l'information transmise. Il paraît évident que l'observation de cette structuration et de son évolution temporelle est nécessaire. Pour effectuer cette expérience, il serait essentiel de développer notre système pour l'adapter plus précisément à un modèle de méta-population. La création de connexions multiples entre des populations de statut différent (*e.g.* vides, faiblement denses, fortement denses) permettrait de manipuler les diverses sources d'informations et leurs conséquences sur la dynamique et la structuration des populations fragmentées.

L'association d'études au niveau de la population et d'études au niveau de l'individu apparaît aujourd'hui nécessaire afin de cerner à la fois les mécanismes par lesquels les conditions environnementales influent sur le comportement animal et la conséquence de ces effets sur la dynamique de la population. La possibilité de suivre la dynamique d'une population permet, en particulier, d'accéder aux conséquences de ces informations socialement acquises sur le devenir des populations fragmentées et d'étudier la dynamique d'acquisition de l'information dans un environnement social changeant.

BIBLIOGRAPHIE

Aars, J. et Ims, R. A. 2000. Population dynamic and genetic consequences of spatial density-dependent dispersal in patchy populations. *American Naturalist*, **155,** 252- 265.

Aragon, P., Clobert, J. et Massot, M. 2006. Individual dispersal status influences spacing   behavior of conspecific residents. *Behavioral Ecology and Sociobiology*, **60,** 430-438.

Aragon, P., Massot, M., Clobert, J. et Gasparini, J. sous presse. Socially acquired information through chemical cues in the common lizard. *Animal Behaviour*

Astheimer, L. B., Buttemer, W. A. et Wingfield, J. C. 1992. Interactions of corticosterone   with feeding, activity and metabolism in passerine birds. *Ornis Scandinavica*, **23,** 355- 365.

Avery, M. L. 1994. Finding good food and avoiding bad food: does it help to associate with   experienced flock mates? *Animal Behaviour*, **48,** 1371-1378.

Axelrod, J. et Reisine, T. D. 1984. Stress hormones: their interaction and regulation. *Science*,   **224,** 452-459.

Bauwens, D. et Verheyen, R. F. 1985. The timing of reproduction in lizard *Lacerta vivipara* :   differences between individual females. *Journal of Herpetology*, **19,** 353-364.

Belichon, S., Clobert, J. et Massot, M. 1996. Are there differences in fitness components between philopatric and dispersing individuals? *Acta Oecologica*, **17,** 503-517.

Borst, A. et Theunissen, F. E. 1999. Information theory and neural coding. *Nature neuroscience*, **2,** 947-957.

Boudjemadi, K., Lecomte, J. et Clobert, J. 1999. Influence of connectivity on demographyand dispersal in two contrasting habitats: an experimental approach. *Journal of Animal Ecology*, **68,**1207-1224.

Boulinier, T. et Danchin, E. 1997. The use of conspecific reproductive success for breeding   patch selection in territorial migratory species. *Evolutionary Ecology*, **11,** 505-517.

Breuner, C. W., Greenberg, A. L. et Wingfield, J. C. 1998. Noninvasive corticosterone treatment rapidly increases activity in Gambel's White-Crowned Sparrows (*Zonotrichia leucophrys gambelii*). *General and Comparative Endocrinology*, **111,** 386-394.

Breuner, C. W. et Hahn, T. P. 2003. Integrating stress physiology, environmental change, and behavior in free-living sparrows. *Hormones and Behavior*, **43,** 115-123.

Brotto, L. A., Gorzalka, B. B. et Barr, A. M. 2001. Paradoxical effects of chronic corticosterone on forced swim behaviours in aged male and female rats. *European Journal of Pharmacology*, **424,** 203-209.

Bures, J., Fenton, A. A., Kaminsky, Y. et Zinyuk, L. 1997. Place cells and place navigation. *PNAS*, **94,** 343-350.

Chacron, M. J., Lindner, B. et Longtin, A. 2004. ISI correlations and information transfer. *Fluctuation and Noise Letters*, **4,** L195-L205.

Clobert, J., Danchin, E., Dhondt, A. A. et J.D., Nichols 2001. *Disperscol.* New York: Oxford University Press.

Clobert, J., Ims, R. A. et Rousset, F. 2004. Causes, mechanisms and consequences of disperscol. In: *Ecology, genetics and evolution of metapopulations* (Ed. by Hanski, I. et Gaggiotti, O. E.), pp. 307-336: Elsevier Academic Press.

Comendant, T., Sinervo, B., Svensson, E. et Wingfield, J. C. 2003. Social competition, corticosterone and survival in female lizard morphs. *Journal of Evolutionary Biology*, **16,** 948-955.

Cote, J., Clobert, J., Meylan, S. et Fitze, P. S. 2006. Experimental enhancement of corticosterone levels positively affects subsequent male survivcol. *Hormones and Behavior*, **49,** 320-327.

Cote, J. et Clobert, J. 2007a. Social information and emigration: lessons from immigrants. *Ecology Letters*, **10,** 411-417.

Cote, J. et Clobert, J. 2007b. Social personalities influence natal dispersal in a lizard. *Proceedings of the Royal Society B: Biological Sciences*, **274,** 383-390.

Cote, J., Clobert, J. et Fitze, P. S. 2007. Mother-offspring competition promotes colonization success. *Proceedings of the National Academy of Sciences USA*, **104,** 9703-9708.

Cote, J., Boudsocq, S. et Clobert, J. 2008. Density, social information, and space use in the common lizard (*Lacerta vivipara*). *Behavioral Ecology*, **19**, 163-168.

Dall, S. R. X., Giraldeau, L.-A., Olsson, O., McNamara, J. et Stephens, D. W. 2005. Information and its use by animals in evolutionary ecology. *Trends in Ecology and Evolution*, **20**, 187-193.

Dall, S. R. X., Houston, A. I. et McNamara, J. 2004. The behavioural ecology of personality: consistent individual differences from an adaptive perspective. *Ecology Letters*, **7**, 734-739.

Dall, S. R. X., Lotem, A., Winkler, D. W., Bednekoff;, P. A., Laland, K. N., Coolen, I., Kendal, R., Danchin, E., Giraldeau, L.-A., Valone, T. J. et Wagner, R. H. 2005. Defining the Concept of Public Information. *Science*, **308**, 353c-356.

Danchin, E., Boulinier, T. et Massot, M. 1998. Conspecific reproductive success and breeding habitat selection: Implications for the study of coloniality. *Ecology*, **79**, 2415-2428.

Danchin, E., Giraldeau, L.-A., Valone, T. J. et Wagner, R. H. 2004. Public information: From nosy neighbors to cultural evolution. *Science*, **305**, 487-491.

de Fraipont, M., Clobert, J., John-Adler, H. et Meylan, S. 2000. Increased pre-natal maternal corticosterone promotes philopatry of offspring in common lizards *Lacerta vivipara*. *Journal of Animal Ecology*, **69**, 404-413.

DeNardo, D. F. et Licht, P. 1993. Effects of corticosterone on social behavior of male lizards. *Hormones and Behavior*, **27**, 184-199.

DeNardo, D. F. et Sinervo, B. 1994. Effects of corticosterone on activity and home-range size of free-ranging male lizards. *Hormones and Behavior*, **28**, 53-65.

Denno, R. F. et Peterson, M. A. 1995. Density-dependant dispersal and its consequences for population dynamics. In: *Population dynamics: new approaches and synthesis* (Ed. by Cappuccino, N. et Price, P. W.), pp. 113-130. San Diego, CA: Academic Press.

Dixon, A. F. G. 1985. Structure of Aphid Populations. *Annual Review of Entomology*, **30**, 155 174.

Doligez, B., Cadet, C., Danchin, E. et Boulinier, T. 2003. When to use public information for breeding habitat selection? The role of environmental predictability and density dependence. *Animal Behaviour*, **66**, 973-988.

Doligez, B., Danchin, E. et Clobert, J. 2002. Public information and breeding habitat in a wild   bird population. *Science*, **297**, 1168-1170.

Doligez, B., Danchin, E., Clobert, J. et Gustafsson, L. 1999. The use of conspecific   reproductive success for breeding habitat selection in a non-colonial, hole nesting   species, the collared flycatcher. *Journal of Animal Ecology*, **68**, 1193-1206.

Doligez, B., Pärt, T., Danchin, E., Clobert, J. et Gustafsson, L. 2004. Availability and use of public information and conspecific density for settlement decisions in the collared   flycatcher. *Journal of Animal Ecology*, **73**, 75-87.

Doncaster, C. P., Clobert, J., Doligez, B., Gustafsson, L. et Danchin, E. 1997. Balanced   dispersal between spatially varying local populations: an alternative to the source-sink   model. *American Naturalist*, **150**, 425-445.

Doutrelant, C., McGregor, P. K. et Oliveira, R. F. 2001. The effect of an audience on intra   male communication in fighting fish, *Betta splendens*. *Behavioral Ecology*, **12**, 283   286.

Downes, S. 2006. Biological Information. In: *The Philosophy of Science: An Encyclopedia*   (Ed. by J.Pfieffer et S.Sarkar), pp. 64-68. New York: Routledge.

Dufty, A. M. et Belthoff, J. R. 1997. Corticosterone and the stress response in young   Weastern Screech-Owls: effects of captivity, gender, and activity period. *Physiological Zoology*, **70**, 143-149.

Dufty, A. M. et Belthoff, J. R. 2001. Proximate mechanisms of natal dispersal: the role of   body condition and hormones. In: *Dispersal* (Ed. by Clobert, J., Danchin, E., Dhondt,   A. A. et Nichols, J.D.), pp. 217-229. New York: Oxford University Press.

Dugatkin, L. A. 1996. Copying and mate choice. In: *Social learning in animals: the roots of*   culture (Ed. by Heyes, C. M. et Jr, B. G. G.), pp. 85-105. San Diego, CA: Academic   Press.

Enbenhard, T. 1991. Colonization in metapopulations: a review of theory and observations.   *Biological Journal of Linnean Society*, **42**, 105-121.

Endler, J. A. 1991. Variation in the appearance of guppy colour patterns to guppies and their   predators under different visual conditions. *Vision Research*, **31**, 587-608.

Freeman, S. 1987. Male red-winged blackbirds (*Agelaius phoeniceus*) assess the RHP of neighbors by watching contests. *Behaioral Ecology and Sociobiology*, **21**, 307-311.

Galef, B. G. J. 1982. Studies of social learning in Norway rats: a brief review. *Developmental Psychobiology*, **15**, 279-295.

Galef, B. G. J. et Beck, M. 1985. Aversive and attractive marking of toxic and safe foods by Norway rats. *Behavioral Neurology and Biology*, **43**, 298-310.

Galef, B. G. J. et Giraldeau, L.-A. 2001. Social influences on foraging in vertebrates: causalmechanisms and adaptive functions. *Animal Behaviour*, **61**, 3-15.

Gandon, S. et Michalakis, Y. 2001. Multiple causes of the evolution of disperscol. In: *Dispersal* (Ed. by Clobert, J., Danchin, E., Dhondt, A. A. et Nichols, J. D.), pp. 155- 167. Oxford: Oxford Univ. Press.

Gautier, P., Olgun, K., Uzum, N. et Miaud, C. 2006. Gregarious behaviour in a salamander: attraction to conspecific chemical cues in burrow choice. *Behavioral Ecology andSociobiology*, **59**, 836-841.

Gibson, R. M. et Höglund, J. 1992. Copying and sexual selection. *Trends in Ecology and Evolution*, **7**, 229-232.

Giraldeau, L.-A. 1997. Ecology of information use. In: *Behavioural ecology: an evolutionaryapproach* (Ed. by Krebs, J. R. et Davies, N. B.), pp. 155-178. Oxford: Blackwell publishing.

Giraldeau, L.-A., Valone, T. J. et Templeton, J. J. 2002. Potential disadvantages of using socially acquired information. *Philosophical Transactions of the Royal Society of London*, **357**, 1559-1566.

Gosling, S. D. et John, O. P. 1999. Personality dimensions in nonhuman animals: a cross species review. *Current Direction in Psychological Sciences*, **8**, 69-75.

Greenberg, G. N. et Wingfield, J. C. 1987. Stress and reproduction: reciprocal relationships. In: *Hormones and Reproduction in Fishes, Amphibians, and Reptiles* (Ed. by Norris, K. et Jones, R. E.), pp. 461-503. New York: Plenum.

Gross, W. B., Siegel, P. B. et Dubose, R. T. 1980. Some effects of feeding corticosterone to chickens. *Poultry Sciences*, **59**, 516-522.

Hamilton, W. D. et May, R. M. 1977. Dispersal in stable habitats. *Nature*, **269**, 578-581.

Hanski, I. et Gaggiotti, O. E. 2004. *Ecology, Genetics and Evolution of Metapopulations*. Elsevier Academic press.

Hartley, R. V. L. 1928. Transmission of Information. *Bell System Technical Journal*, **7,** 535-   563.

Harvey, S., Phillips, J. G., Rees, A. et Hall, T. R. 1984. Stress and adrenal function. *Journal   of Experimental Zoology*, **232,** 633-645.

Hill, G. E. 1994. House finches are what they eat - a reply to Hudon. *Auk*, **111.**

Hill, G. E. et Montgomerie, R. 1994. Plumage colour signals nutritional condition in the   house finch. *Proceedings of the Royal Society B: Biological Sciences*, **258,** 47-52.

Holmes, W. N. et Phillips, J. G. 1976. The adrenal cortex in birds. In: *Endocrinology of the Adrenal Cortex* (Ed. by Chester-Jones, I. et Henderson, I.), pp. 293-420. New York: Academic Press.

Jacobson, L. 1999. Lower weight loss and food intake in protein-deprived, corticotropin   releasing hormone-deficient mice correlate with glucocorticoid insufficiency.   *Endocrinology*, **140,** 3543-3551.

Jirotkul, M. 1999. Operational sex ratio influences female preference and male-male competition in guppies. *Animal Behaviour*, **58,** 287-294.

Johnstone, R. A. 1997. Evolution of animal signals. In: *Behavioural ecology: an   evolutionaryapproach* (Ed. by Krebs, J. R. et Davies, N. B.), pp. 155-178. Oxford: Blackwell publishing.

Johnstone, R. A. 2001. Eavesdropping and animal conflict. *PNAS*,   **98,** 9177-9180.

Judd, T. M. et Sherman, P. W. 1996. Naked mole-rats recruit colony mates to food sources.   *Animal Behaviour*, **52,** 957-969.

Knierim, J. J., Kudrimoti, H. S. et McNaughton, B. L. 1995. Place cells, head direction cells,   and the learning mark stability. *Journal of Neuroscience*, **15,** 1648-1659.

Kodric-Brown, A. 1989. Dietary carotenoids and male success in the guppy: an environmental   component to female choice. *Behavioral Ecology and Sociobiology*, **25.**

Krebs, J. R. 1971. Territory and breeding density in the great fit, P*arus major* L. *Ecology*, **52,** 2-22.

Lambin, X. 1994. Nata philopatry, competition for resources, and inbreeding avoidance in Townsend's voles (*Microtus townsendii*). *Ecology*, **75**, 224-235.

Lambin, X., Aars, J. et Piertney, S. B. 2001. Dispersal, intraspecific competition, kin competition and kin facilitation: a review of the emperical evidence. In: *Dispersal* (Ed. by Clobert, J., Danchin, E., Dhondt, A. A. et Nichols, J.D.), pp. 110-122. New York: Oxford University Press.

Lanctot, R. B., Hatch, S. A., Gill, V. A. et Eens, M. 2003. Are corticosterone levels a good indicator of food availability and reproductive performance in a kittiwake colony? *Hormones and Behavior*, **43**, 489-502.

Le Galliard, J. F., Ferrière, R. et Clobert, J. 2003. Mother-offspring interactions affect natal dispersal in a lizard. *Proceedings of the Royal Society B: Biological Sciences*, **270**, 1163-1169.

Le Galliard, J. F., Ferrière, R. et Clobert, J. 2005a. Effect of patch occupancy on immigration on the common lizard. *Journal of Animal Ecology*, **74**, 241-249.

Le Galliard, J. F., Ferrière, R. et Dieckmann, U. 2005b. Adaptive evolution of social traits: origin, trajectories, and correlations of altruism and mobility. *American Naturalist*, **165**, 206-224.

Le Galliard, J.-F., Fitze, P. S., Ferriere, R. et Clobert, J. 2005. Sex ratio bias, male aggression, and population collapse in lizards. *PNAS*, **102**, 18231-18236.

Le Galliard, J. F., Cote, J. et Fitze, P. S. 2008. Lifetime and intergenerational fitness consequences of harmful male interactions for female lizards. *Ecology*, **89**, 56-64.

LeBlanc, M., Festa-Bianchet, M. et Jorgenson, J. T. 2001. Sexual size dimorphism in bighorn sheep (*Ovis canadensis*): effects of population density. *Canadian Journal of Zoology*, **79**, 1661-1670.

Lecomte, J., Clobert, J., Massot, M. et Barbault, R. 1994. Spatial and behavioural consequences of a density manipulation in the common lizard. *Ecoscience*, **1**, 300-310.

Legendre, S., Clobert, J., Moller, A. P. et Sorci, G. 1999. Demographic stochasticity and social mating system in the process of extinction of small populations: the case of passerines introduced to New Zealand. *American Naturalist*, **153**, 449-463.

Léna, J.-P., Clobert, J., de Fraipont, M., Lecomte, J. et Guyot, G. 1998. The relative influence of density and kinship on dispersal in the common lizard. *Behavioral Ecology*, **9**, 500 507.

Léna, J.-P. et de Fraipont, M. 1998. Kin recognition in the common lizard. *Behavioral Ecology and Sociobiology*, **42,** 341-347.

Levins, R. 1969. Some demographic and genetic consequences of environmental heterogeneity for biological control. *Bulletin of the Entomological Society of America*, **15,** 237-240.

Lima, S. L. 1994. Collective detection of predatory attack by birds in the absence of alarm signals. *Journal of Avian Biology*, **25,** 319-326.

Lotem, A., Wagner, R. H. et Balshine-Earn, S. 1999. The overlooked signaling component of nonsignaling behavior. *Behavioral Ecology*, **10,** 209-212.

Macedonia, J. M., Husak, J. F., Brandt, Y. M., Lappin, A. K. et Baird, T. A. 2004. Sexual dichromatism and color conspicuousness in three populations of collared lizards (*Crotaphytus collaris*) from Oklahoma. *Journal of Herpetology*, **38,** 340-354.

Marchetti, C. et Drent, P. J. 2000. Individual differences in the use of social information in foraging by captive great tits. *Animal Behaviour*, **60,** 131-140.

Marchetti, K. 1993. Dark habitats and bright birds illustrate the role of the environment in species divergence. *Nature London*, **362,** 149-152.

Marra, P. P. et Holberton, R. L. 1998. Corticosterone levels as indicators of habitat quality: effects of habitat segregation in a migratory bird during the non-breeding season. *Oecologia*, **116,** 284-292.

Mason, J. R. et Reidinger, R. F. J. 1981. Effects of social facilitation and observational learning on feeding behavior of the red-winged blackbird (*Agelaius phoeniceus*). *Auk*, **98,** 778-784.

Maynard-Smith, J. 1999. The idea of information in biology. *Q. Rev. Biol.*, **74,** 395-400.

Meylan, S., Belliure, J., Clobert, J. et de Fraipont, M. 2002. Stress and body condition as prenatal and postnatal determinants of dispersal in the common lizard (*Lacerta vivipara*). *Hormones and Behavior*, **42,** 319-326.

Meylan, S. et Clobert, J. soumis. Are dispersal-dependant personalities produced by phenotypic plasticity? *Behavioral Ecology*

Møller, A. P. et Pomiankowski, A. 1993. Why Have Birds Got Multiple Sexual Ornaments. *Behavioral Ecology and Sociobiology*, **32,** 167-176.

Moore, F. L., Roberts, J. et Bevers, J. 1984. Corticotropin-releasing factor (CRF) stimulates   locomotor activity in intact and hypophysectomized newts (Amphibia). *Journal of   Experimental Zoology*, **231,** 331-333.

Nowak, R. 1994. Beta-Carotene: helpful or harmful? *Science*, **264,** 500-501.

Nyquist, H. 1924. Certain factors affecting telegraph speed. *Bell System Technical Journal*, **3,**   324-346.

Oliveira, R. F., McGregor, P. K. et Latruffe, C. 1998. Know thine enemy: fighting fish gather   information from observing conspecific interactions. *Proceedings of the Royal Society   B: Biological   Sciences*, **265,** 1045-1049.

Olson, V. A. et Owens, I. P. F. 1998. Costly sexual signals: are carotenoids rare, risky or   required? *Trends in Ecology and Evolution*, **13,** 510-514.

Olsson, O. et Holmgren, M. A. 1998. The survival-rate-maximizing policy for Bayesian   foragers: wait for good news. *Behavioral Ecology*, **9,** 345-353.

O'Riain, M. J., Jarvis, J. U. M. et Faulkes, C. 1996. A dispersive morph in the naked mole-rat.   *Nature*, **380,** 619-621.

Otter, K., McGregor, P. K., Terry, A. M. R., Burford, F. R. L., Peake, T. M. et Dabelsteen, T.   1999. Do female great tits (Parus major) assess males by eavesdropping? A field study   using interactive song playback. *Proceedings of the Royal Society B: Biological   Sciences*, **266,** 1305.

Pilorge, T., Clobert, J. et Massot, M. 1987. Life history variations according to sex and age in   *Lacerta vivipara*. In: *Proc. 4th Ord. Gen. Meet. S.E.H.* (Ed. by Gelder, J. J. v.,   Strijbosch, H. et Bergers, P. J. M.), pp. 311-315. Nijmegen.

Poysa, H. 2006. Public information and conspecific nest parasitism in goldeneyes: targeting   safe nests by parasites. *Behavioral Ecology*, **17,** 459-465.

Reigh, L. M., Wood, K. M., Rothstein, B. E. et Tamarin, R. H. 1982. Aggressive behaviour of   male Microtus brexeri and its demographic implications. *Animal Behaviour*, **30,** 117   122.

Romero, L. M., Reed, J. M. et Wingfield, J. C. 2000. Effect of weather on corticosterone   responses in wild free-living passerine birds. *General and Comparative   Endocrinology*, **118,** 113-122.

Romero, L. M. et Wikelski, M. 2001. Corticosterone levels predict survival probalities of   Galapagos marine iguanas during El Niño events. *PNAS*, **98,** 7366-7370.

Ronce, O., Clobert, J. et Massot, M. 1998. Natal dispersal and senescence. *PNAS*, **95,** 600   605.

Rose, B. 1981. Factors affecting activity in *Sceloporus virgatus*. *Ecology*, **62,** 706-716.

Ryan, M. J. 1990. Sensory systems, sexual selection, and sensory exploitation. *Oxford Survey   in Evolutionary Biology*, **7,** 157-195.

Shannon, C. 1948. A Mathematical Theory of Communication. *Bell System Technical Journal*, **27,** 379-423 et 623-656.

Sih, A., Bell, A. et Johnson, J. C. 2004. Behavioral syndromes: an ecological and evolutionnary overview. *Trends in Ecology and Evolution*, **19,** 372-377.

Silverin, B. 1986. Corticosterone-binding proteins and behavioral effects of high plasma   levels of corticosterone during the breeding period in the Pied Flycatcher. *General and Comparative Endocrinology*, **64,** 67-74.

Silverin, B. 1998. Stress responses in birds. *Poultry Avian Biological Review*, **9,** 153-168.

Simon, C. A. 1975. The influence of food abundance on territory size in an iguanid lizard *Sceloporus jarrovi. Ecology*, **56,** 993-998.

Smith, J. W., Benkman, C. W. et Coffey, K. 1999. The use and mis-use of public information.*Behavioral Ecology*, **10,** 54-62.

Smith, L. et John-Adler, H. 1999. Seasonal specificity of hormonal, behavior, and coloration   responses to within- and between-sex encounters in male lizards (*Sceloporus undulatus*). *Hormones and Behavior*, **36,** 39-52.

Stamps, J. A. 2001. Habitat selection by dispersers: integrating proximate and ultimate   approaches. In: *Dispersal* (Ed. by Clobert, J., Danchin, E., Dhondt, A. A. et Nichols,   J.D.), pp. 110-122. New York: Oxford University Press.

Stamps, J. A. et Krishnan, V. V. 1997. Sexual bimaturation and sexual size dimorphism in   animals with asymptotic growth after maturity. *Evolutionary Ecology*, **11,** 21-39.

Stenseth, N. C. et Lomnicki, A. 1990. On the Charnov-Finerty hypothsesis: the unproblematic transition from docile to aggressive and the problematic transition from aggressive to docile. *Oikos*, **58**, 234-238.

Templeton, J. J. et Giraldeau, L.-A. 1995. Patch assessment in foraging flocks of European starlings: evidence for the use of public information. *Behavioral Ecology*, **6**, 65-72.

Thorpe, W. H. 1963. *Learning and Instinct in Animals*. London: Methuen.

Tschirren, B., Fitze, P. S. et Richner, H. 2003. Proximate mechanisms of variation in the carotenoids-based plumage coloration of nestling great tits (*Parus major* L.). *Journal of Evolutionary Biology*, **16**, 91-100.

Valone, T. J. 1989. Group foraging, public information, and patch estimation. *Oikos*, **56**, 357 363.

Valone, T. J. et Templeton, J. J. 2002. Public information for the assessment of quality: a widespread social phenomenon. *Philosophical Transactions in Royal Society of London B*, **357**, 1549-1557.

Venable, D. L., Dyreson, E., Pinero, D. et Becerra, J. X. 1998. Seed morphometrics and adaptive geographic differentitiation. *Evolution*, **52**, 344-354.

Vercken, E., Massot, M., Sinervo, B. et Clobert, J. sous presse. Female colour morphs in the common lizard display alternative offspring dispersal strategies. *Journal of Evolutionary Biology*.

von Schantz, T., Bensch, S., Grahn, M., Hasselquist, D. et Wittzell, H. 1999. Good genes,oxidative stress and condition-dependant signals. *Proceedings of the Royal Society B: Biological Sciences*, **266**, 1-12.

Wilson, T. D. 1999. Models in information behaviour research. *Journal of Documentation*, **55**, 249-270.

Wingfield, J. C. et Ramenofsky, M. 1999. Hormones and the behavioral ecology of stress. In: *Stress physiology in animals* (Ed. by Balm, P. H. M.), pp. 1-51: Sheffield Academic Press.

Wingfield, J. C. et Silverin, B. 1986. Effects of corticosterone on territorial behavior of free living song sparrows, *Melospiza melodia. Hormones and Behavior*, **20**, 405-417.

Zahavi, A. 1975. Mate Selection - A Selection for a Handicap. *Journal of theoritical Biology*, **53**, 205-214.

Zahavi, A. 1977. The Cost of Honesty (Further Remarks on the Handicap Principle). *Journal of theoritical Biology*, **67,** 603-605.

Zugaro, M. B., Tabuchi, E., Fouquier, C., Berthoz, A. et Wiener, S. 2001. Active locomotion increases peak firing rates of anterodorsal thalamic head direction cells. *Journal of Neurophysiology*, **86,** 692-702.

MoreBooks!
publishing

mb!

Oui, je veux morebooks!

i want morebooks!

Buy your books fast and straightforward online - at one of world's
fastest growing online book stores! Environmentally sound due to
Print-on-Demand technologies.

Buy your books online at

www.get-morebooks.com

Achetez vos livres en ligne, vite et bien, sur l'une des librairies en
ligne les plus performantes au monde!
En protégeant nos ressources et notre environnement grâce à
l'impression à la demande.

La librairie en ligne pour acheter plus vite

www.morebooks.fr

VSG

VDM Verlagsservicegesellschaft mbH
Heinrich-Böcking-Str. 6-8   Telefon: +49 681 3720 174   info@vdm-vsg.de
D - 66121 Saarbrücken   Telefax: +49 681 3720 1749   www.vdm-vsg.de

www.ingramcontent.com/pod-product-compliance
Lightning Source LLC
Chambersburg PA
CBHW020313220326
41598CB00017BA/1544